耕地污染防治知识问答

陈能场　郑顺安　吴泽嬴　等／著

孙慧雯／绘

GENGDI WURAN FANGZHI
ZHISHI WENDA

U0252127

中国环境出版集团·北京

图书在版编目（CIP）数据

耕地污染防治知识问答 / 陈能场等著. -- 北京：
中国环境出版集团，2020.6（2021.9 重印）
ISBN 978-7-5111-4349-5

Ⅰ. ①耕… Ⅱ. ①陈… Ⅲ. ①耕地－土壤污染－污染
防治－问题解答 Ⅳ. ① X530.5-4

中国版本图书馆 CIP 数据核字（2020）第 089023 号

出 版 人　武德凯
责任编辑　丁莞歆
责任校对　任　丽
装帧设计　金　山

出版发行　**中国环境出版集团**
　　　　　（100062　北京市东城区广渠门内大街 16 号）
　　　　　网　　址：http://www.cesp.com.cn
　　　　　电子邮箱：bjgl@cesp.com.cn
　　　　　联系电话：010-67112765（编辑管理部）
　　　　　　　　　　010-67175507（第六分社）
　　　　　发行热线：010-67125803，010-67113405（传真）
　　　　　印装质量热线：010-67113404
印　　刷　北京中科印刷有限公司
经　　销　各地新华书店
版　　次　2020 年 6 月第 1 版
印　　次　2021 年 9 月第 2 次印刷
开　　本　787×1092　1/16
印　　张　7.75
字　　数　100 千字
定　　价　39.00 元

中国环境出版集团郑重承诺：
中国环境出版集团合作的印刷单位、材料单位均具有中国环境标志产品认证；
中国环境出版集团所有图书"禁塑"。

著作组成员

主　著：陈能场　郑顺安　吴泽嬴

参　著：林大松　李晓华　倪润祥　杜兆林

　　　　尹建锋　张　荣　姚启星　汪　玉

前　言

　　土壤是农业生产的基本物质条件，是确保农产品质量安全的第一道关口。土壤污染防治直接关系到人民群众的身体健康和经济社会的可持续发展，是重大的环境保护和民生工程。受工业活动、地质高背景值、农业投入品等多种因素的影响，耕地污染已成为不可忽视的环境问题。国家高度重视耕地污染防治工作，习近平总书记指出，要全面落实土壤污染防治行动计划，突出重点区域、行业和污染物，强化土壤污染管控和修复，有效防范风险，让老百姓吃得放心、住得安心。这为我们做好耕地污染防治工作提供了根本遵循。

　　目前，我国耕地污染防治体系已趋于完备。在法规建设方面，《中华人民共和国土壤污染防治法》《农用地土壤环境管理办法（试行）》等法规已经出台，细化了土壤污染预防、调查与监测、分类管理、监督管理等方面的措施和要求。在政策指引方面，《土壤污染防治行动计划》《农业农村部办公厅　生态环境部办公厅关于进一步做好受污染耕地安全利用工作的通知》《农业部关于贯彻落实〈土壤污染防治行动计划〉的实施意见》等政策指导性文件也已印发，明确了耕地土壤污染防治的目标任务和实施路径，保证了耕地污染防治工作的有序推进。在标准制定方面，《土壤环境质量　农用地土壤污染风险管控标准（试行）》《轻中度污染耕地安全利用与治理修复推荐技术名录（2019年版本）》《受污染耕地治理与修复导则》等一批标准规范相继出台，推进了耕地污染防治的标准化、科学化。

为进一步提升公众对土壤污染防治的认知和意识，本书在系统介绍土壤及其功能等知识的基础上，进一步聚焦耕地污染防治问题，以图文并茂、通俗易懂的语言阐述相关知识，旨在普及宣传与耕地污染防治相关的政策和不同技术模式等方面的知识及应用。

本书是在农业农村部科技教育司的大力支持和指导下，由农业农村部农业生态与资源保护总站、广东省生态环境技术研究所、农业农村部环境保护科研监测所、中国科学院地理科学与资源研究所、中国农业大学等单位共同协作完成的。

由于专业技术水平和时间有限，书中难免存在疏漏与不当之处，有待于今后进一步研究完善，敬请读者和同行批评指正，并提出宝贵建议，以便我们及时修订。

本书著作组

2020年2月

目 录

CONTENTS

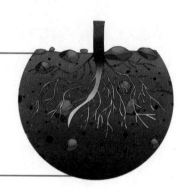

第一章
基本知识
001

第二章
我国耕地污染形势
021

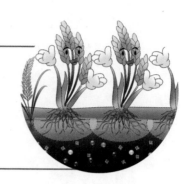

第三章
耕地污染和粮食安全
031

第四章
耕地污染和人体健康
041

第五章
耕地污染防治方法与策略
055

第六章

我国耕地污染防治政策进展
071

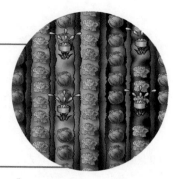

第七章
我国耕地污染防治工作进展
095

第八章
耕地污染防治典型案例
103

第一章

基本知识

1. 什么是土壤？

土壤是地球表面具有肥力、能
生长植物的松散表层，其厚度一般
在2米左右。土壤不但能为植物生
长提供机械支撑能力，还能为植物的生长发育提供所需要的水、肥、气、
热等肥力要素。土壤主要在岩石风化和母质的成土作用两种过程的综合作
用下形成，由固、液、气三相组成。固体物质包括矿物、有机物和微生物
等，占土壤总重量的90%以上；液体物质也称为土壤溶液，包括水和溶解
物；气体物质绝大部分是指由大气层进入土壤孔隙的氧气、氮气等，小部
分为土壤内生命活动产生的二氧化碳和水汽等。

2. 什么是土壤环境？

土壤环境实际上指连续覆被于
地球陆地地表的土壤圈层，它是人
类的生存环境——四大圈层（大
气圈、水圈、土壤-岩石圈和生物
圈）中的一个重要圈层，连接并影
响着其他圈层。农田、草地和林地
等均含有土壤环境这一要素。

3. 我国的土壤类型主要有哪些?

我国的土壤资源丰富、类型繁多,主要的土壤发生类型可概括为红壤、棕壤、褐土、黑土、栗钙土、漠土、潮土(包括砂姜黑土)、灌淤土、水稻土、湿土(草甸、沼泽土)等系列。

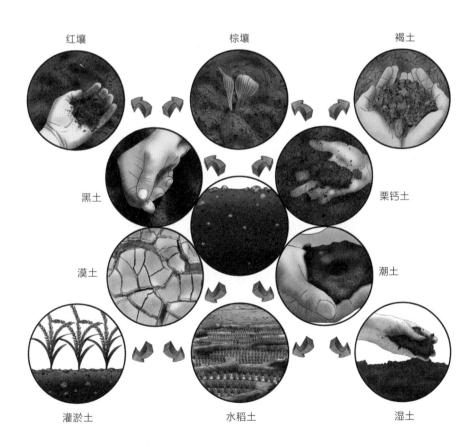

红壤　棕壤　褐土

黑土　栗钙土

漠土　潮土

灌淤土　水稻土　湿土

（1）红壤系列

红壤系列是我国南方热带、亚热带地区的重要土壤资源，自南而北有砖红壤、赤红壤、红壤和黄壤等类型。

---

❶ **砖红壤：** 发育在热带雨林或季雨林下的强富铝化酸性土壤。主要分布于我国海南岛、雷州半岛、西双版纳和台湾岛南部，大致位于北纬22°以南地区。由于风化淋溶作用强烈，易溶性无机养分大量流失，铁、铝则残留在土壤中，因而使土壤颜色发红。砖红壤的土层深厚，质地黏重，肥力差，呈酸性至强酸性。

---

❷ **赤红壤：** 发育在南亚热带常绿阔叶林下的具有红壤和砖红壤某些性质的过渡性土壤。主要分布于我国滇南的大部，广西、广东的南部，福建的东南部，以及台湾岛中南部，大致在北纬22°～25°。风化淋溶作用略弱于砖红壤，土壤颜色发红。赤红壤的土层较厚，质地较黏重，肥力较差，呈酸性。

---

❸ **红壤和黄壤：** 发育在中亚热带常绿阔叶林下的富铝化酸性土壤。前者分布于干湿季节变化明显的地区，淀积层呈红棕色或橘红色；后者分布于多云雾、水湿条件较好的地区，以川、黔两省为主，以土层潮湿、剖面中部形成黄色或蜡黄色淀积层为特征。

（2）棕壤系列

棕壤系列是我国东部湿润地区发育在森林下的土壤，由南至北包括黄棕壤、棕壤、暗棕壤和寒棕壤（漂灰土）等类型。

---

❶ 黄棕壤：

发育在亚热带落叶阔叶林杂生常绿阔叶林下的弱富铝化、黏化、酸性土壤。分布于我国长江下游，北起秦岭、淮河，南到大巴山和长江，西自青藏高原东南边缘，东至长江下游地带。黄棕壤介于黄壤、红壤和棕壤地带之间，土壤性质兼有三者的某些特征，呈弱酸性，自然肥力比较高。

---

❷ 棕壤：

发育在夏绿阔叶林或针阔混交林下的中性至微酸性土壤。主要分布于暖温带的辽东半岛和山东半岛，其特点是在腐殖质层以下具有棕色的淀积黏化层，土壤矿物风化度不高。该土壤中的黏化作用强烈，可产生较明显的淋溶作用，从而使钾、钠、钙、镁都被淋失，黏粒向下淀积。棕壤的土层较厚，质地比较黏重，表层有机质含量较高，呈微酸性反应。

---

❸ 暗棕壤：

发育在温带针阔混交林或针叶林下的土壤，又称暗棕色森林土。分布于我国东北地区的东部山地和丘陵，介于棕壤和漂灰土地带之间，与棕壤的区别在于腐殖质累积作用较明显，淋溶淀积过程更强烈，黏化层呈暗棕色。土壤呈酸性反应，与棕壤比较，表层有较丰富的有机质，腐殖质的积累量多，是比较肥沃的森林土壤。

❹ **寒棕壤（漂灰土）：**	发育在北温带针叶林下的土壤，过去称为棕色泰加林土和灰化土。分布于我国大兴安岭中北部，其亚表层具有弱灰化或离铁脱色的特征，常出现漂白层，具有强酸性，盐基高度不饱和，属于生草灰化土和暗棕壤之间的过渡性类型，可认为是在地方性气候和植被影响下的特殊土被。土壤酸性大，土层薄，有机质分解慢，有效养分少。

（3）褐土系列

褐土系列包括褐土、黑垆土和灰褐土。这类土壤在中性或碱性环境中进行腐殖质的累积，石灰的淋溶和淀积作用较明显，残积-淀积黏化现象均有不同程度的表现。

❶ **褐土：**	发育在中生夏绿林下的土壤，又称褐色森林土。其特点为在腐殖质层以下具有褐色黏化层，风化度低。分布于我国暖温带东部半湿润、半干旱地区，如山西、河北、辽宁三省间相互连接的丘陵低山地区，以及陕西关中平原。该土壤呈中性、微碱性反应，矿物质、有机质积累较多，腐殖质层较厚，肥力较高。

❷ 黑垆土: 以深厚的淡黑色垆土层而得名。首先形成于半干旱草原植被下，后又经长期耕种而熟化。主要分布于陕北、晋西和陇东一带的黄土地区。该土壤呈微碱性，所含矿物质养分丰富。

❸ 灰褐土: 发育在干旱和半干旱地区山地森林下的土壤，又称灰褐色森林土，具有暗棕色或浅褐色的黏化层，因石灰淋溶程度的不同又分为灰褐土和淋溶灰褐土两个亚类。该土壤质地以细沙和粉沙为主。

4. 耕地和土壤有何区别？

耕地是由自然土壤发育而成的，但并不是任何土壤都可以发育成耕地。能够形成耕地的土壤需要具备可供农作物生长、发育、成熟的自然环境以及一定的自然条件：①必须有平坦的地形，或者在坡度较大的条件下能够修筑梯田，而又不至于引起水土流失，一般土壤坡度超过25°的陡地不宜发展成为耕地；②必须有相当深厚的土层，以满足储藏水分、养分的要求，供作物根系生长发育之需；③必须有适宜的温度和水分，以保证农作物的生长发育直至成熟；④必须有一定的抵抗自然灾害的能力；⑤必须在种植最佳农作物后所获得的劳动产品收益能够大于劳动投入，进而取得一定的经济效益。

有一定的抵抗
自然灾害的能力

所获得的劳动产品收益
大于劳动投入

有平坦的地形
能够修筑梯田
不至于引起水土流失

保证农作物生长发育成熟

供作物根系生长
发育之需

5. 什么是土壤有机质？

土壤有机质泛指土壤中以各种形式存在的含碳有机化合物，主要是富里酸、胡敏酸和胡敏素等腐殖物质。土壤有机质是土壤固相部分的重要组成成分，是植物营养的主要来源之一，能促进植物的生长发育，改善土壤的物理性质，促进微生物和土壤生物的活动，促进土壤中营养元素的分解，提高土壤的保肥性和缓冲性。

6. 什么是土壤背景值？

土壤背景值又称土壤本底值，它代表一定环境单元中的统计量的特征值。背景值是指各区域在正常地理条件和地球化学条件下，各元素在各类自然体（岩石、风化产物、土壤、沉积物、天然水、近地大气等）中的正常含量。在环境科学中，土壤背景值是指在未受或少受人类活动的影响下，尚未受或少受污染和破坏的土壤中各元素的含量。

7. 什么是土壤环境容量？

环境容纳污染物质的能力是有一定限度的，这个限度称为环境容量。土壤环境容量是指在一个特定区域内（如某城市、某耕作区等）土壤的容量，与该环境空间、自然背景值及各种环境要素、社会功能、污染物的物理化学性质，以及环境的自净能力等因素有关。

8. 什么是土壤pH？

土壤pH是土壤酸度和碱度的总称，主要由氢离子（H^+）和氢氧根离子（OH^-）在土壤溶液中的浓度决定。我国土壤的酸碱度分为五级：pH<5.0为强酸性土壤，pH在5.0～6.5为酸性土壤，pH在6.5～7.5为中性土壤，pH在7.5～8.5为碱性土壤，pH>8.5为强碱性土壤。

9. 如何调节土壤pH？

实践中，提高土壤pH的主要方法是撒施石灰（生石灰、熟石灰、石灰粉），也可施草木灰、碱性土壤调理剂等。降低土壤pH的主要方法是施用石膏、磷石膏、氯化钙、硫磺、硫酸亚铁等物质。

10. 什么是土壤阳离子交换量？

土壤阳离子交换量（Cation Exchange Capacity，CEC）是指土壤所吸附的能够被交换的各种阳离子总量，主要是氢离子（H^+）、铝离子（Al^{3+}）、钾离子（K^+）、钠离子（Na^+）、钙离子（Ca^{2+}）、镁离子（Mg^{2+}）、铵离子（NH_4^+），用每千克土壤的一价阳离子的厘摩尔数表示。其中，H^+和Al^{3+}使土壤呈酸性，故称为致酸离子；其他离子使土壤呈碱性，故称为盐基离子。

土壤阳离子交换量能影响土壤的缓冲能力，是评价土壤保肥能力、改良土壤和合理施肥的重要依据。土壤阳离子交换量越高，说明土壤保肥性越强，意味着其保持和供应植物所需养分的能力越强；反之，说明土壤保肥性能越差，其潜在的养分供应能力越低。

11. 什么是土壤污染？

土壤具有一定的自净能力，能够通过吸附、化学氧化还原及微生物分解等作用缓解污染物所造成的负面影响，并降低其进入自然生态循环系统的风险。当污染物含量超过了土壤自净作用的负荷，土壤的组成、结构和功能就会发生变化，微生物活性也会受到抑制，有害物质或其分解产物在土壤中便逐渐积累，最后通过"土壤→人体""土壤→植物→人体""土壤→水→人体"等途径直接或间接被人体吸收，达到危害人体健康的程度，这就是土壤污染。

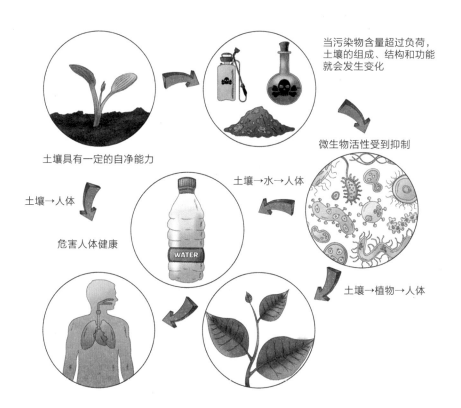

当污染物含量超过负荷，土壤的组成、结构和功能就会发生变化

土壤具有一定的自净能力

微生物活性受到抑制

土壤→人体

土壤→水→人体

危害人体健康

土壤→植物→人体

12. 土壤重金属污染有哪些特征？

土壤污染与大气污染、水污染有很大的不同，主要有以下6个特征：

①**污染来源复杂**。重金属污染物主要有两个来源，即自然污染源和人为污染源。对于耕地重金属污染，往往是自然污染源与人为污染源相互叠加的过程，成因复杂。有文献表明[1]，目前各种人为来源的镉（Cd）输入导致我国农田耕层土壤（0~20厘米）中镉的年平均增量为4微克/千克，如果不采取有效的管控措施，这种幅度的持续增加足以在几十年的时间内使大部分无污染土壤中的镉含量达到超标水平。

②**隐蔽性与潜伏性**。人体感官通常能发现水体和大气污染，而对于土壤污染往往需要通过农作物，包括粮食、蔬菜、水果或牧草以及人或动物的健康状况才能反映出来，因而土壤污染具有隐蔽性或潜伏性。

③**积累性和地域性**。污染物在大气和水体中一般可以随着气流和水流进行长距离迁移，而在土壤环境中却很难扩散和稀释，导致重金属含量不断积累，因而使土壤环境污染具有很强的地域性特征。

④**不可逆性**。重金属污染物对土壤环境的污染基本是一个不可逆的过程，主要表现为两个方面：一是进入土壤环境后，很难通过自然过程从土壤环境中稀释和消失；二是对生物体的危害和对土壤生态系统结构与功能的影响也不容易恢复。

⑤**后果的严重性**。土壤中的重金属可以通过食物链影响动物和人体的健康。重金属污染对人体及其他生物能够产生致癌、致畸甚至致死的效应，同时由于其具有隐蔽性和不可逆性的特点，等到被人们发现，重金属

污染的危害已经十分严重了。

⑥治理难且周期长。过去一段时间，由于人类对土壤污染的认识不足，过高地估计了其自净能力，曾把土壤作为污染物的消纳场所。实际上，土壤是宝贵的农业生产资料，其环境负载容量是有限的，必须加以保护，防止重金属逐步累积。各种来源的重金属一旦进入土壤，除少部分可通过植物吸收和水循环（或挥发）移出外，其余部分在土壤中的滞留时间极长。研究表明[1]，温带气候条件下，镉在土壤中的驻留时间为75～380年，汞（Hg）为500～1000年，铅（Pb）、镍（Ni）和铜（Cu）为1000～3000年。一些土壤遭受重金属污染后，往往需要付出很大的代价才能将其污染降到可接受的水平，仅依靠切断污染源的方法往往很难使土壤自我修复，必须采用各种有效的治理技术才能消除现实污染。但是，从目前现有的治理方法来看，仍然存在治理成本较高和周期长的困难。

13. 土壤有机污染和重金属污染有何区别？

与有机污染（又称有机化合物污染）不同，重金属污染很难自然降解。不少有机化合物可以通过土壤自身的物理、化学或生物特性进行净化，降低或消除有机污染物的毒害作用，但重金属不能。重金属具

有富集性，如铅、镉等重金属进入土壤环境后会长期蓄积并破坏土壤的自净能力，使土壤成为污染物的"储存库"。在这类土壤上种植农作物，土壤中的重金属会被植物根系吸收，造成农作物可食部分重金属含量超标，严重的甚至会导致农作物减产。

14. 什么是土壤污染风险筛选值？

土壤污染风险筛选值指土壤中的污染物对农产品质量安全、农作物生长或生态环境可能造成不利影响时的含量限值。土壤中的污染物含量低于该值，则农产品中污染物超标等风险可忽略。

15. 什么是土壤污染风险管控值？

土壤污染风险管控值指土壤中的主要污染物对农产品质量安全可能存在严重危害时的含量限值。土壤中的污染物含量高于该值，则农产品中污染物超标风险高，需对其进行管控。

16. 我国土壤重金属污染的环境标准值是多少？

目前，我国现行的土壤重金属污染环境标准是《土壤环境质量　农用地土壤污染风险管控标准（试行）》（GB 15618—2018），其中规定了土壤中镉、汞、砷、铅、铬等重金属的风险筛选值和风险管控值（表1、表2）。

表1　耕地土壤5项重金属污染风险筛选值

序号	污染物项目[1][2]		风险筛选值 / （毫克 / 千克）			
			pH ≤ 5.5	5.5 < pH ≤ 6.5	6.5 < pH ≤ 7.5	pH>7.5
1	镉	水田	0.3	0.4	0.6	0.8
		其他	0.3	0.3	0.3	0.6
2	汞	水田	0.5	0.5	0.6	1.0
		其他	1.3	1.8	2.4	3.4
3	砷	水田	30	30	25	20
		其他	40	40	30	25
4	铅	水田	80	100	140	240
		其他	70	90	120	170
5	铬	水田	250	250	300	350
		其他	150	150	200	250

注：[1]重金属和类金属砷均按元素总量计。
　　[2]对于水旱轮作地，采用其中较严格的含量限值。

表2　耕地土壤5项重金属污染风险管控值

序号	污染物项目	风险管控值 / （毫克 / 千克）			
		pH ≤ 5.5	5.5 < pH ≤ 6.5	6.5 < pH ≤ 7.5	pH>7.5
1	镉	1.5	2.0	3.0	4.0
2	汞	2.0	2.5	4.0	6.0
3	砷	200	150	120	100
4	铅	400	500	700	1000
5	铬	800	850	1000	1300

17. 我国的土壤重金属污染环境标准与其他国家相比有何区别?

一些国家和地区（如我国台湾地区）的土壤重金属环境标准较为宽松（表3）。

表3 不同国家和地区土壤重金属污染物限值对比

单位：毫克/千克

国家和地区	砷	镉	铬	汞	铜	镍	铅	锌	补充说明
中国大陆地区（2018年）	30	0.4	250	0.5	150	70	100	200	5.5 < pH ≤ 6.5，水田，筛选值
	150	2.0	850	2.5	—	—	500	—	5.5 < pH ≤ 6.5，管控值
中国台湾地区（2000年）	60	5	250	5	200	200	500	600	总量
日本（1970年）	15	1	—	—	125	—	—	—	—
韩国（2007年）	—	1.5	4	4	50	40	100	300	管控标准
	—	4	10	10	125	100	30	700	整治标准
英国（2002年）	20	2	130	15	—	75	450	—	农业区，总量

18. 如何评估土壤是否健康?

土壤健康(Soil Health)是土壤质量的可变部分,受人类利用和管理土壤方式的影响十分明显。土壤健康和土壤质量(Soil Quality)二者具有近乎相同的含义,在科技出版物中经常交替出现。一般而言,农民更倾向于使用"土壤健康",用定性的指标来描述土壤状况;而科学家倾向于使用"土壤质量",用土壤分析的量化指标来描述土壤特征。根据《康奈尔土壤健康评估培训手册》,健康的农田土壤应该具有如下特征:

①土壤耕作特性良好。这是土壤能够生长出健康的农作物的一般能力特征。健康的土壤不易压实,易被空气和水渗透,同时具有足够的持水能力。

②耕层深度足够。健康土壤的表土层应有足够的深度可以让根系充分伸展,若因自然或种植者的原因使土壤产生了硬底层,就会导致耕层深度不足。

③营养成分足量但不过量。健康土壤的养分充足且可接触并利于作物吸收,营养循环良好但不过量,且易于浸出和径流,无危害微生物存在。

④植物病原体和害虫的种群可控。健康土壤的有益生物不断增加,有害生物可以抑制。

⑤土壤排水良好。健康的土壤由于良好的结构和孔隙空间而能迅速排水,同时可保留足够的水分用于植物生长。

⑥拥有大量有益微生物。有益微生物对于有机物质的分解、营养循环、土壤结构、害虫抑制等都非常重要。

⑦杂草的压力小。经济作物和覆盖作物生产等适当的土壤管理方式有助于降低杂草繁茂给土壤带来的压力。

⑧不含有害化学物质和毒素。健康的土壤不含有害化学物质和毒素，或者具有中和毒素的能力，因此不会对植物和微生物的生长产生不利影响。

⑨抗退化。健康的土壤抗风蚀、水蚀和土壤压实的能力强。

⑩当出现不利条件时具有恢复能力。健康的土壤在经过不利条件（如干旱或潮湿）的影响后能快速恢复。

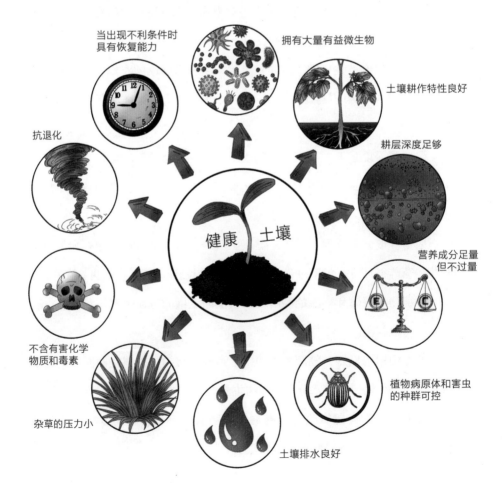

19. 我国耕地健康面临的主要问题有哪些？

一般认为健康的耕地包括以下几方面：一是耕地本体健康，即土壤能够维持良好的肥力和自净能力；二是耕地作为作物生长的母体能支持作物全生命周期的健康生长，保证农产品质量安全；三是耕地作为受体，能够在一定程度上抵抗外界水、肥、药、沉降物等的侵害；四是耕地作为系统，在物质能量循环过程中不会产生对自然环境有害的物质。

耕地污染

毁林开荒

耕地退化（土壤酸化、盐碱化、水土流失）

耕地本底质量低

我国耕地主要面临的问题有以下几个：一是耕地本底质量低。我国耕地地力偏低，全国耕地按质量等级由高到低依次划分为1～10等，平均等级为4.76，其中1～3等耕地的面积占全国耕地总面积的31%，大部分耕地的肥力状况不容乐观，耕地有机质含量低于世界土壤有机质含量平均水平的43%。二是耕地退化，具体表现为土壤酸化、盐碱化和水土流失。目前，我国耕地有5%为盐碱地，种植水稻、玉米、小麦的耕地有70%出现土壤酸化，长江、黄河中上游地区长期以来毁林开荒、在陡坡进行不合理耕作，使该地区成为世界上水土流失最严重的区域之一。三是耕地污染。其中，主要以重金属镉，有机污染物滴滴涕、多环芳烃，以及农用地膜的"白色污染"为主。

参考文献

[1] 张桃林.科学认识和防治耕地土壤重金属污染 [J].土壤，2015（3）：3-7.

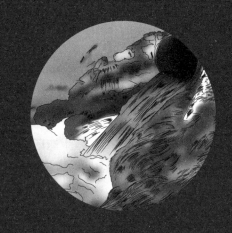

第二章

我国耕地污染形势

20. 常见的耕地土壤污染物有哪些？

我国耕地土壤环境质量管理的现行标准《土壤环境质量　农用地土壤污染风险管控标准（试行）》（GB 15618—2018）中要求监测的指标有8种重（类）金属，包括镉、汞、砷、铅、铬、铜、镍、锌，要求选测的指标有3种有机物，包括六六六、滴滴涕、苯并[a]芘。上述污染物会影响食用农产品的质量安全，导致农作物生长或土壤生态环境受到不利影响。我国台湾地区耕地土壤污染监测指标也包括砷、镉、铅、汞、铬、铜、锌、镍8种元素，但在最终进行污染判断时剔除了对人体健康没有实质性危害的人体必需元素铜和锌。日本的耕地土壤污染监测指标涉及3种重（类）金属元素，即会影响作物生长的砷和铜元素（日本矿山的主要污染元素）及给人体健康带来风险的镉元素。

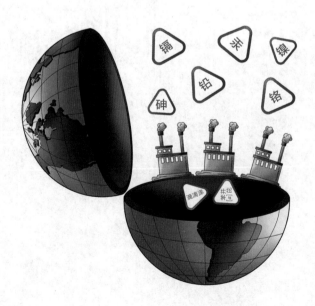

21. 造成耕地土壤中重金属含量增加的主要原因有哪些？

耕地土壤中重金属含量的增加主要源于以下几个方面：

①工业"三废"。"三废"指废水、废气、废渣，其中废水的影响最大。采矿、选矿和冶炼是向土壤环境中释放重金属元素的主要途径之一。风刮起的尾砂（一些含金属的细微矿石颗粒）经沉降、雨水冲洗和风化淋溶等途径进入土壤。矿山固体垃圾从地下搬运到地表后，由于所处环境的改变，在自然条件下极易发生风化作用（物理、化学和生物作用），使大量有毒有害的重金属元素释放到土壤和水体中，给采矿区及其周围环境带来严重的污染。采矿废石、尾矿在地表氧化、淋滤过程中释放出大量的重金属，并垂直向下迁移至土壤深部形成次生矿物，造成重金属大量富集，污染下层土壤。

②**污水灌溉**。污水灌溉一般指使用经过一定处理的生活污水、商业污水和工业废水灌溉农田、森林和草地，我国的污水灌溉区主要分布在北方水资源严重短缺的海河、辽河、黄河、淮河四大流域，约占全

国污水灌溉面积的85%。大量未经处理的污水进入农田导致农业耕地和作物遭受不同程度的重金属污染，普遍的重金属污染物是镉和汞。根据原农业部20世纪90年代第一次和第二次全国污水灌溉区调查，在约140万公顷的调查灌溉区中，遭受重金属污染的土壤面积占污水灌溉区面积的64.8%。此外，涉重金属企业在生产过程中产生的气体和粉尘经自然沉降或通过降雨进入土壤，也可以造成耕地重金属污染。

③**城市生活和交通**。城市生活废弃物特别是电子垃圾的大量增加以及交通产生的废弃物等能造成耕地重金属累积。在公路交通活动中，含铅汽油和润滑油的燃烧、汽车轮胎的老化和刹车里衬的机械磨损均会排放一定量的重金属。汽车尾气和轮胎磨损产生的含有重金属成分的粉尘，通过大气可以沉降到道路附近的土壤中，在公路两侧的农田中形成较明显的铅、锌、镉等元素的污染带。

④农业投入品。在工厂化畜禽养殖中，饲料添加剂的应用常常导致畜禽粪便中含有较高的铜、砷等重金属元素，如果将其作为有机肥施用则会引起耕地的重金属污染。部分农药的成分中含有汞、砷、铜、锌等重金属元素，长期施用也可以引起重金属污染。地膜在生产过程中由于加入了含有镉、铅的热稳定剂，因此大量施用同样会引起重金属污染。 需要着重指出的是，化肥（主要是磷肥）的施用对耕地重金属污染的影响非常有限。2011—2012年爆发的湖南"镉大米事件"中，曾有部分专家认为磷肥中伴生的镉是土壤重金属污染的主要原因之一，但根据原农业部

对全国30个主要磷肥生产厂家的调查，磷肥平均含镉量为0.61毫克/千克，远低于一般含量5～50毫克/千克的常见范围，随磷肥施入土壤的镉含量最多为22毫克/千克，远景为46毫克/千克，按远景量来计算，施用1000年才能达到土壤负荷量。因此，磷肥施用对耕地重金属污染的影响十分有限。

⑤地质元素高背景值。由于矿化和一些特殊的地质作用，自然因素也会导致一些地区土壤母质中重金属元素呈现高度富集的现象。20世纪80年代进行的中国土壤元素背景值调查结果表明，不同类型母质上发育的土壤，其重金属含量的差异很大，如砷、镉、铬、铜、汞、镍和铅等元素在基性火成岩和石灰岩母质发育的土壤中平均含量大大高于风沙母质土壤。

由地质成因（主要与超基性火成岩有关）导致的土壤重金属富集现象是我国南方地区土壤中铬、铜、镍、锌等元素含量在大尺度上发生分异的重要原因，如湖南省洞庭湖区镉含量平均值达到0.194毫克/千克，是全国平均水平的2倍，特别是紫色砂页岩土壤中镉含量最高，一般为0.403毫克/千克，最高达4.113毫克/千克，而紫色砂页岩土壤约占湖南省耕地面积的34%。

⑥土壤酸化。目前，我国农业重金属污染问题的集中爆发，除长期的累积因素外，很重要的原因是土壤酸化。对于大部分重金属来说，当土壤酸化（pH下降）时，矿物态重金属可转化为有效态，从而导致农产品重金属含量增加，对农业造成危害。据有关资料显示，我国土壤酸碱度（pH）近30年平均下降了0.6个单位，酸性耕地面积（pH<5.5）从30年前的7%已上升到目前的18%。如此大规模的土壤酸化，在自然条件下通常需要几万年的时间。有研究确认，我国近30年土壤酸化之所以如此之快，主要是由酸雨、长期大量施用化肥以及传统农业措施（施用石灰、有机肥等）缺失造成的。

22. 引起我国耕地土壤酸化的主要原因有哪些？

我国耕地土壤酸化主要是由于20世纪80年代后农业施肥结构从传统的农家肥转为化肥，特别是氮肥施用量不断攀升，已经超过了国际公认的化肥施用安全上限（225千克/公顷）近1倍。一方面，大量施用化肥造成的土壤酸化将在很大程度上改变植物对土壤养分的吸收效率，同时造成土壤重金属有效性的提高；另一方面，有机肥施用的减少降低了土壤中的有机质，减弱了土壤对有效重金属的固定能力。再加上以燃煤为主要能源带来的酸雨，更加速了土壤的快速酸化。据2010年《科学》杂志发表的文章表明，30多年来，我国所有土壤的pH下降了0.13～0.80个单位，尤以耕地土壤pH下降最多，也就是说耕地土壤的酸度增加了6倍，这在自然条件下需要数万年的时间。在长三角地区，有些土壤在20年间酸度增加了10倍；在珠三角地区，30年间耕地土壤pH从5.7下降到5.4。

23. 土壤酸化带来哪些弊端？

土壤酸化不仅会降低土壤对重金属的自净能力，还会提高重金属高背景值地区土壤中所含重金属的有效性，从而导致粮食重金属含量超标。有试验证明，除非土壤pH＞6.5，否则外源（污染的）镉的有效性降低不到20%。我国西南一些地区粮食重金属超标率的提高与土壤酸化和目前处于酸雨区有密切的关系。

我国土壤的平均重金属（如镉）总量并不比其他发展中国家高，但由于土壤酸化，外来重金属的活性增高，从而导致粮食安全问题突出。此外，我国还存在很多土壤退化问题，如土壤盐化导致电导率提升，氯离子等的浓度增加促进了作物对镉的吸收，土壤沙化造成吸附重金属的能力下降，等等。解决了这些退化因素，粮食重金属超标率自然就会随之下降。

24. 我国耕地污染现状如何？

目前，我国耕地的土壤污染数据来自两个方面。一是2014年由环境保护部和国土资源部发布的《全国土壤污染状况调查公报》（以下简称《公报》）。其调查表明，我国土壤环境状况总体不容乐观，部分地区土壤污染较重，耕地土壤环境质量堪忧，工矿业废弃地土壤环境问题突出。《公报》调查数据显示，全国土壤总的点位超标率为16.1%，其中轻微、轻度、中度和重度污染点位比例分别为11.2%、2.3%、1.5%和1.1%。从污染物超标情况来看，镉、汞、砷、铜、铅、铬、锌、镍8种无机污染物中点位超标率最高的是镉，达到7.0%。在调查的13.86亿亩（1亩＝1/15公顷）耕地中，点位超标率为19.4%，其中轻微、轻度、中度和重度污染点位比例分别为13.7%、2.8%、1.8%和1.1%，主要污染物为镉、镍、铜、砷、汞、铅、滴滴涕和多环芳烃。二是由中国地质调查局发布的《中国耕地地球化学调查报告（2015年）》。其调查数据显示，我国未受重金属污染的耕地有12.72亿亩，占调查耕地总面积的91.8%；重金属中-重度污染或超标的点位比例占2.5%，覆盖面积3488万亩；轻微-轻度污染或超标的点位比例占5.7%，覆盖面积7899万亩。2016年12月，环境保护部牵头开展了全国农用地土壤污染状况详查，截至2020年1月尚未对外公布详查数据。

25. 土壤污染容易发生在哪些区域？

从污染分布情况来看，我国南方的土壤污染重于北方；长三角、珠三角、东北老工业基地等部分区域的土壤污染问题较为突出，西南、中南地区的土壤重金属超标范围较大；镉、汞、砷、铅4种无机污染物含量分布呈现从西北到东南、从东北到西南逐渐升高的态势。

根据有关调查统计，珠三角多地的蔬菜重金属超标率达10%～20%；湖北省受"三废"污染的耕地面积约40万公顷，占全省耕地面积的10%；湖南省被重金属污染的耕地占全省耕地面积的25%。工矿企业的废渣随意堆放、工业企业的污水直排，以及农业生产中的污水灌溉、化肥的不合理使用、畜禽养殖等人类活动均造成或加剧了这些地区耕地的重金属污染。其中，广东省的耕地以化工、电镀、印染等行业企业发展造成的污染为主；江西、湖北、湖南、广西、四川、贵州、云南等省（区）重金属的本底值本来就比较高，再加上长期的重有色金属、磷矿等矿产资源开发，使重化工业发展成为耕地严重污染的重要原因。

26. 如何评价我国的耕地污染现状？

虽然我国耕地污染形势严峻，但总体可防、可控、可治。根据原环境保护部第一次全国土壤污染状况调查的结果，我国耕地总的点位超标率为19.4%，其中轻微污染为13.7%、轻度污染为2.8%、中度污染为1.8%、重度污染仅为1.1%。总体来看，我国耕地重金属污染主要为轻度污染，且各地的重金属污染治理措施对轻度污染区较为有效。例如，湖南省通过耕地重金属"VIP"综合治理技术在土壤镉含量0.5毫克/千克的条件下可以生产出83%的合格大米。但对于重金属重度污染区，传统的土壤整治措施已无法满足安全生产的需要，必须进行种植结构调整，划定特定农产品严格管控区，开展限制性生产。由于重度污染区所占比例不大，所以需要结构调整的比例有限、面积较小。

土壤-作物系统中的重金属迁移是一个复杂的过程，除受土壤中重金属含量、形态及环境条件的影响外，不同类型农作物吸收重金属元素的生理生化机制各异，因而有不同的吸收和富集重金属的特征。即使是同一类型的农作物，不同品种间富集重金属的能力也有显著差异。农田灌溉方式、灌溉时间、施肥方式和田间管理等农艺措施都会影响作物对耕地中重金属的吸收。总体来看，我国粮食主产区和蔬菜种植大县的农产品受重金属污染并不明显，农产品质量是有保障的。

第三章
耕地污染和粮食安全

27. 耕地土壤重金属超标是否意味着种出来的农产品不安全？

土壤污染物含量与农产品质量之间并非简单的直接对应关系，不能简单认为耕地某些指标超过限量值，农产品质量就一定超标，农产品就不安全。土壤重金属含量只是一方面，事实上，土壤重金属的生物有效性是更重要的因素，它关系到农产品的质量安全。对全国无公害农产品基地县的环境质量评价结果表明，在我国南方部分土壤重金属高背景值地区，有的土壤重金属含量超过了国家标准，但通过种植适宜的作物品种、应用适宜的栽培技术，多年来生产的农产品一直是安全的，甚至是出口创汇的主打产品，农产品质量经得起严格检验。在英国，虽然土壤镉含量较高，但其农田一般四年要施用一次石灰，将土壤pH调节到6.0以上，所以土壤重金属的生物有效性比较低，因而农产品超标的比例也极低。另外，不同的作物类型和品种对重金属的吸收积累能力也有很大差别。

28. 湖南"镉大米"是怎么回事儿？

湖南省一直享有"鱼米之乡"的美誉，是我国最大的稻米生产省份，但同时也是有名的有色金属之乡，在其中部地区重要的有色金属和重化工业云集，无论从大气还是水体来看，湖南省都是重金属排放大省，耕地镉污染尤为突出。2013年，流入广东省的万吨重金属镉超标大米被媒体曝光，舆论哗然。当年5月，广州市食品药品监督管理局发布的监测结果显示，抽查的18批次大米及其制品中有8批次镉超标，这8批次产品中有6批次来自湖南省，一时间湖南大米成为众矢之的。长期摄入超标的"镉大米"会严重影响人们的肾

脏功能、呼吸系统、骨质等，对人体健康损害巨大。受"镉大米"事件影响，湖南省的稻米生产也遭受了打击，株洲市攸县、湘潭市等多个粮食主产区出现稻米滞销的现象，大米制造商和农民成为直接受害者。根据湖南省农业环境监测结果，重金属超标点位主要集中在长沙市、湘潭市、株洲市、郴州市、衡阳市、益阳市等区域，因而长株潭地区成为重金属污染防治的重点地区。

党中央、国务院高度重视耕地重金属污染治理问题。2014年和2015年的中央"一号文件"分别要求启动重金属污染耕地修复试点，并扩大重金属污染耕地修复面积。根据中央精神，2014年农业部、财政部安排专项资金启动湖南省长株潭地区重金属污染耕地修复及农作物种植结构调整试点工作。作为重金属污染耕地修复治理的试点省份，湖南省成为中国整治"毒地"的突破口。

29. 为什么在我国会出现"镉大米"？

"镉大米"的产生并非单因素的结果，而要从土壤—镉—水稻整个生产体系来理解，这是镉的特性、土壤污染和退化、水稻品种特性综合作用的结果。

一方面，40多年来我国在经济快速发展的同时环保设施却不配套，从而使矿山开采、冶炼、化工、电镀和电池行业以及以燃煤为主的能源供应等向环境中排放了大量的镉，这些镉通过污水灌溉和大气沉降在土壤中积累，此外大量的磷肥施用也给土壤增加了污染源。但许多粮食主产区的耕地镉积累并不太高，实际上镉超标的土壤面积少之又少。从这个角度来说，除了厂矿周边的粮食矿产复合区之外，我国土壤的镉含量并不太严重。

另一方面，40多年来农业生产方式（平均分配格局下的土地承包制）和投入方式的改变（由以有机肥为主转为以含有氮、磷、钾三要素的化肥为主，由人工除草到药剂除草）使我国的土壤退化极为严重。土壤退化问题主要表现为土壤有机质含量低和土壤酸化严重。有机质的贫乏大大降低了土壤对镉的络合和吸持能力，而土壤酸碱度落入了最容易产生"镉大米"的4.5～5.5的范围区间。

此外，与其他重金属（如砷、铅、汞、铬等）相比，镉极易被植物吸收并通过食物链产生人体健康效应。土壤镉增加和土壤退化则会进一步加重作物对镉的吸收，因此"镉大米"应运而生。

30. "镉大米"和大米品种有什么关系？

在籼稻和粳稻两个水稻亚种中，南方广泛种植的耐热不耐低温的热带型籼稻（Indica）比北方普遍种植的温带型粳稻更易于富集土壤中的重金属镉。同时，杂交水稻比常规水稻表现出对镉更强的吸收能力及向其茎叶和籽粒转运的能力。因此，我国"镉大米"的高超标率与南方种植籼稻和籼籼杂交稻也有很大的关系。

31. 砷是如何进入食品的？哪些食品可能含有砷？

由于砷能通过土壤和水被植物吸收，所以砷存在于多种食品中，包括谷物、水果和蔬菜。尽管大多数农作物不太容易从地面吸收太多的砷，但大米是例外。因为与其他作物相比，大米更易从土壤和水中吸收砷。此外，一些海鲜也含有较高浓度的有机砷。

32. 除了土壤源，作物中含有的重金属还有哪些其他来源？

除土壤源以外，大气污染沉降也是一个主要导致农产品重金属含量超标的污染源。在大气污染严重的情况下，叶片对重金属的吸收是提高作物重金属含量的一个重要途径。很多科学工作者发现，土壤中的重金属特别是铅并不超标，但蔬菜中的重金属却超标了。有研究表明，在土壤含镉量为其背景值0.08微克/千克，但大气年降尘中镉含量达1.3克/千克的情况下，小麦籽粒中21%的镉、大麦籽粒中41%～58%的镉来自大气污染。因此，在土壤重金属含量很低，但大气中的重金属含量很高的情况下，作物中的重金属并非只有土壤一个来源。据2010年相关数据推算，我国每年大气沉降中的镉含量高达0.4～25克/公顷，这意味着我们忽视或者低估了大气污染对粮食重金属超标的影响，也意味着我们对土壤污染特别是土壤对粮食安全的影响需要有一种更为客观的审视。

33. 控制作物中的重金属含量有哪些可行的方法？

除"客土法"外，控制粮食作物中的重金属含量还可以通过一些其他方法。

(1)筛选低积累粮食作物品种

不同作物和同一作物的不同品种或基因型在对重金属的吸收和积累上存在很大差异，如秀水519和甬优538就是两种低镉和低砷积累的水稻品种。目前，国内外对重金属低积累粮食作物品种的筛选已有较多

"客土法"指向污染土壤中添加洁净土壤以降低土壤中污染物的浓度或减少污染物与植物根系的接触，其优点是见效快、效果好，但在处理大面积重金属污染场地时有成本过高、工程量巨大等缺点。

2014年湖南省稻米镉低积累品种筛选鉴定
早稻分蘖期

报道，但这些作物对重金属低积累的机制还不明确，因此需要深入挖掘粮食作物的遗传基因，筛选并培育对重金属具有低积累的作物品种，发挥作物自身对重金属迁移的"过滤"和"屏障"作用，保障在受轻-中度重金属污染的农田土壤上生产粮食作物的安全性。"十三五"国家重点研发计划中的"七大农作物育种"重点专项和现代农业产业技术体系项目都有涉及该方面的研究内容。

(2)研发重金属钝化阻隔技术

钝化阻隔技术是指向重金属污染的土壤中添加一种或多种钝化材料，包括无机、有机、微生物、复合等钝化剂，通过改变土壤中重金属的形态并降低重金属的活性，减少粮食作物对重金属的吸收，以达到污染土壤安全利用的目的。常用的无机钝化剂主要包括含磷材料、钙硅材料、黏土矿物及金属氧化物等，这类钝化剂在重金属污染土壤中的应用最为广泛，主要通过吸附、固定等反应降低重金属的有效性。有机钝化剂主要有秸秆、畜禽粪便、堆肥和城市污泥等，有机物料通过对重金属的络合作用降低其有效性。微生物钝化剂是一些能改变土壤重金属价态和吸附固定重金属的微生物。由于不同钝化剂对不同类型重金属的钝化效果存在一定的差异，且土壤重金属污染常常是复合污染，单靠一种钝化修复产品难以

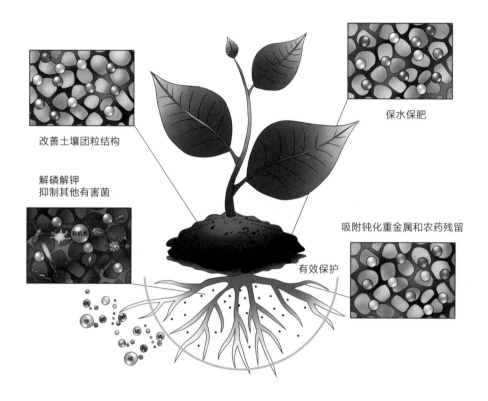

改善土壤团粒结构

保水保肥

解磷解钾
抑制其他有害菌

吸附钝化重金属和农药残留

有效保护

达到预期效果，因此复合钝化剂的研发和应用是受污染的农田土壤安全利用的重要发展方向。此外，新型钝化剂如生物质炭和纳米材料的研发备受关注。生物质炭可通过离子交换、表面络合和吸附沉淀等作用来降低重金属的生物有效性。但是，这些钝化材料的生产成本较高，也可能存在一定的环境风险，因此亟须研发低廉、高效、环境友好的土壤重金属污染新型钝化产品。

（3）使用农艺调控措施

农艺调控措施能够有效调控作物对重金属的吸收，主要包括种植重金属低积累作物、调节土壤理化性状、科学管理水分和施用功能性肥料等。对于轻度重金属污染的农田土壤，淹水处理是一种较好的降低稻米镉含量的农艺调控措施。与常规水分处理相比，淹水条件下稻米镉含量下降了3.6%～26.3%。对于轻-中度重金属污染的稻田，结合水分管理与增施钙镁磷肥等措施可显著降低土壤有效态镉含量和稻米对镉的积累。在重度重金属污染区，可选择种植油菜、花生和甘蔗等低镉积累作物替代水稻，以达到安全利用的目的，也可通过改种棉花、红麻、苎麻和蚕桑等纤维植物阻断土壤镉进入食物链。

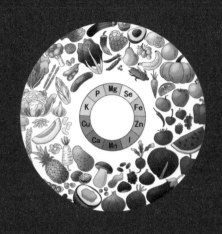

第四章
耕地污染和人体健康

34. 我国常见的可食用农作物中镉含量的标准是多少？

我国现行标准《食品安全国家标准　食品中污染物限量》（GB 2762—2017）中规定了可食用农作物中镉的限量指标，详见表4。

表4　常见可食用农作物中镉的限量指标（摘自GB 2762—2017）

食品类别（名称）	限量（以镉计）/（毫克/千克）
谷物及其制品	
谷物（稻谷 ª 除外）	0.1
谷物碾磨加工品（糙米、大米除外）	0.1
稻谷 ª、糙米、大米	0.2
蔬菜及其制品	
新鲜蔬菜（叶菜蔬菜、豆类蔬菜、块根和块茎蔬菜、茎类蔬菜、黄花菜除外）	0.05
叶菜蔬菜	0.2
豆类蔬菜、块根和块茎蔬菜、茎类蔬菜（芹菜除外）	0.1
芹菜、黄花菜	0.2
水果及其制品	
新鲜水果	0.05
食用菌及其制品	
新鲜食用菌（香菇和姬松茸除外）	0.2
香菇	0.5
食用菌制品（姬松茸制品除外）	0.5
豆类及其制品	
豆类	0.2
坚果及籽类	
花生	0.5

注：ª 稻谷以糙米计。

检验方法：按GB 5009.15规定的方法测定。

35. 我国与世界其他地区大米中镉的限量标准是否一致？

我国大米中镉的限量标准值为0.2毫克/千克，这与欧盟的标准是一致的，而国际食品法典委员会（Codex Alimentarius Commission，CAC）和我国台湾地区及周边国家（如日本）设定的大米中镉的限量标准值为0.4毫克/千克。从这方面来看，我国标准比国际标准更为严格。一些人认为，我国的大米镉限量标准值应适当上调，与其他国际标准持平，不用这么严格。可事实上，一方面，随着对镉的人体健康效应的研究日渐深入，国际上镉的摄入标准正在慢慢收窄；另一方面，我国主要以大米为食，且稻米产销结构不同，占多数群体的农民以自产自销居多，生活在重金属污染区的很多人以及弱势群体多以大米为主食。从这个意义上说，我国的标准就应该更严格，因此0.2毫克/千克的标准不能放松。

人体镉的健康效应取决于食物的总摄入量。假设人体内的镉一半来自大米，其他来自水和蔬菜、水产品、肉类等食物，若要使肾脏保持健康，人体每天可摄入三两（150克）镉含量在0.34毫克/千克以内的大米。如果摄入国家标准（0.2毫克/千克）以内的大米，一天最多可吃半斤多（274克）的大米。

36. 人体过量摄入镉会带来什么危害？

镉不是人体的必需元素，而是一种环境污染物，具有致癌、致畸和致突变作用。镉的化合物具有不同的毒性。硫化镉、硒磺酸镉的毒性较低，氧化镉、氯化镉、硫酸镉的毒性较高。世界卫生组织（World Health Organization，WHO）将镉列为重点研究的食品污染物；国际癌症研究机构（International Agency for Research on Cancer，IARC）将镉归为人类致癌物，认为其会对人体造成严重的健康损害；美国毒物和疾病登记署（Agency for Toxic Substances and Disease Registry，ATSDR）将镉列为第7位危害人体健康的物质；我国也将镉列为实施排放总量控制的重点监控指标之一。按照人体镉中毒的发病过程，可分为急性中毒、亚慢性和慢性中毒。

①急性中毒。急性镉中毒系吸入所致，先有上呼吸道黏膜刺激症状，脱离接触后上述症状减轻。经4～10小时的潜伏期，患者会出现咳嗽、胸闷、呼吸困难，并伴有寒战及背部、四肢肌肉和关节酸痛，严重患者出现肺水肿和心力衰竭。口服镉化合物引起中毒的临床表现酷似急性胃肠炎，有恶心、呕吐、腹痛、腹泻、全身无力、肌肉酸痛的现象，重者可能虚脱。

②亚慢性和慢性中毒。当周边环境受到镉污染后，镉可在生物体内富集，并通过食物链进入人体引起慢性中毒。肾脏是镉的靶器官，一旦镉通过吸收进入人体内就难以代谢出去，其在体内的半衰期（减少一半）长达17～38年，最终会在肾脏累积。肾脏累积的镉约占体内镉的1/3，其次是肝

脏，约占体内镉的1/4，肌肉含量较少。一旦镉累积超过2克，肾小管就会开始受损，引起钙磷和小分子蛋白质不能重复吸收利用，最终导致骨痛病。

由于镉对人体健康的严重不利影响，联合国粮农组织（Food and Agriculture Organization of the United Nations，FAO）、世界卫生组织联合食品添加剂专家委员会

> 总膳食研究（TDS）是国际公认的最经济有效且最可靠的方法，用以评估某个国家和地区不同人群组对于膳食中化学危害物的暴露量和营养素的摄入量，以及这些物质的摄入可能对健康造成的风险。

（Joint FAO/WHO Expert Committee on Food Additives，JECFA）不断降低人类镉耐受含量标准，至2010年将镉的暂定每月耐受摄入量（Provisional Tolerable Monthly Intake，PTMI）定为25微克/千克（体重）。总膳食研究获得的2007年中国居民10个性别-年龄组的镉摄入量为每月16.3～36.9微克/千克（体重），说明我国部分人群的镉摄入量仍高于世界卫生组织的标准。

37. 日本"痛痛病"公害事件是怎么回事？

富山县位于日本中部地区，在富饶的富山平原上流淌着一条名叫"神通川"的河流。这条河贯穿富山平原后注入富山湾，不仅是居住在河流两岸的人们世世代代的饮用水水源，也灌溉着两岸肥沃的土地，因而成为日本主要粮食基地的命脉水源。20世纪30年代，富山县神通川上游的神冈矿山成

为当地铝矿、锌矿的重要生产基地，矿业公司向神通川流域的河道中排放了大量的含镉废水，造成周边地区土壤镉含量超过正常标准40多倍。一段时间以后，该地区的水稻普遍镉含量超标，当地人食用这种水稻后出现肾功能衰竭、骨质软化、骨质松脆等"痛痛病"，最严重的时候就连咳嗽都能引起骨折。

38. 怎样才能减少含镉大米对人体的影响？

在目前大米镉含量缺乏监控的情况下，要想尽可能少吃到"镉大米"，最直接的办法就是换着吃，找原产地无污染的大米吃。籼米较易富集镉，应适当减食。镉在稻谷中的分布相对均匀，外表皮（米糠层）含量高（约34%），碾米能去除10%左右的镉。镉在大米中从表层到核心区域的含量逐渐升高，且易与大米胚乳中的谷蛋白结合，因此通过加工、淘洗、蒸煮的方法去除镉是非常有限的。此外，一些微量元素如铁、钙、锌等的含量状况会对镉在体内的吸收过程有较大影响，若含量充足则有助于减少镉进入体内，并促进镉直接从粪便中排出，同时食物中的膳食纤维在含量较高的情况下也对减少镉的体内吸收有促进作用。

39. 我国常见的可食用农作物中砷含量的标准是多少？

我国现行标准《食品安全国家标准　食品中污染物限量》（GB 2762—2017）中规定了可食用农作物中砷的限量指标，详见表5。

表5　常见可食用农作物中砷的限量指标（摘自GB 2762—2017）

食品类别（名称）	限量（以砷计）/（毫克/千克）	
	总砷	无机砷[b]
谷物及其制品 　谷物（稻谷[a]除外） 　谷物碾磨加工品（糙米、大米除外） 　稻谷[a]、糙米、大米	0.5 0.5 —	— — 0.2
蔬菜及其制品 　新鲜蔬菜	0.5	—
食用菌及其制品	0.5	

注：[a] 稻谷以糙米计。

　　[b] 对于制定无机砷限量的食品可先测定其总砷，当总砷水平超过无机砷限量值时，不必测定无机砷；否则，需再测定无机砷。

检验方法：按GB 5009.11规定的方法测定。

40. 我国与世界其他地区大米中砷的限量标准是否一致？

国家食品安全风险评估中心表示，我国是全球唯一设立稻米中无机砷限量指标的国家。2014年，国际食品法典委员会（CAC）在日内瓦通过了大米的砷限量标准，即0.2毫克/千克。这一国际标准的起草由中国工作组完成。

41. 与砷接触的相关健康风险是什么？

单质砷无毒性，砷化合物均有毒性。三价砷比五价砷毒性大，约为其60倍；有机砷与无机砷毒性相似。人口服三氧化二砷的中毒剂量为5～50毫克，致死量为70～180毫克；人吸入（4小时）三氧化二砷的致死浓度为0.16毫克/米^3，长期少量吸入或口服可产生慢性中毒。在含有砷化氢1毫克/升的空气中呼吸5～10分钟，可发生致命性中毒。三价砷会抑制含巯基（-SH）的酵素，五价砷会在许多生化反应中与磷酸竞争，因其键结不稳定，很快会因水解而导致高能键（如ATP）消失。氢化砷吸入后会很快与红细胞结合并造成不可逆的细胞膜破坏，低浓度时，会造成

> ATP，腺嘌呤核苷三磷酸的简称，是一种不稳定的高能化合物，又称腺苷三磷酸。

溶血；高浓度时，会造成多器官的细胞毒性。

砷污染可以引起肠胃道、肝脏、肾脏毒性，心血管系统毒性，神经系统毒性，皮肤毒性，血液系统毒性，生殖危害，并导致皮肤癌、肺癌等癌症的发生。

42. 哪些方法能减少通过食物链摄入的无机砷？

2015年开展的第五次中国总膳食研究的结果表明，我国居民膳食中总砷摄入量为118微克/天，无机砷摄入量为27.7微克/天，其中谷类食物是无机砷的主要来源。因此，控制谷类食物，尤其是大米中无机砷的含量对于控制膳食中无机砷的暴露水平至关重要。精米中无机砷的平均含量相当于糙米的45.5%（范围12.6%～99.3%），说明大米的精加工可以有效减少无机砷的含量。此外，做饭方法对砷的摄取也有较大的影响。据英国Meharg研究，彻底淘米后，用6杯水加1杯米的方法做成稀饭，再倒掉米汤，可以去除全砷35%、无机砷45%。

43. 只要食物中含有重金属元素就会对人体健康有毒害作用吗？

在生命必需的各种元素中，金属元素共有14种，其中钾、钠、钙、镁的含量占人体内金属元素总量的99%以上，其余10种元素的含量很少，被称为微量元素，但它们在生命过程中的作用却不可低估。没有这些必需的微量元素，酶的活性就会降低或完全丧失，激素、蛋白质、维生素的合成和代谢也会发生障碍，人类的生命过程就难以继续进行。例如，

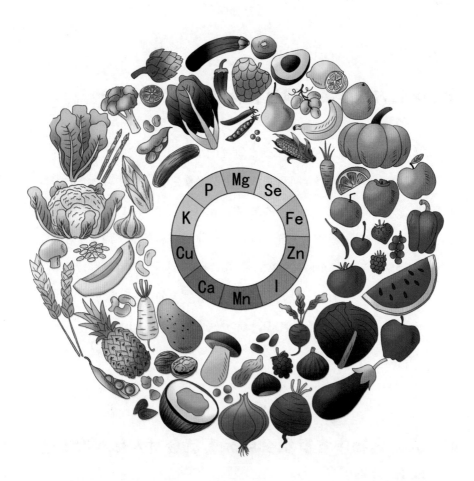

铜元素对于人体至关重要，它是生物系统中一种独特而极为有效的催化剂。铜（Cu）是30多种酶的活性成分，对人体的新陈代谢起着重要的调节作用。据报道，冠心病与缺铜有关。此外，在由胰岛素参与的糖或脂

肪的代谢过程中，铬（Cr）是必不可少的一种元素，也是维持正常胆固醇所必需的元素。除此之外，一些人体并不需要的金属元素也会难以避免地进入人体系统中。例如，土壤中的镉离子（Cd^{2+}）由于与一些重要的金属离子，如铁离子（Fe^{2+}）和锌离子（Zn^{2+}）有相似的化学结构，因此极易在植物生长过程中被吸收至植物的地上部分，并随着食物链被人体吸收。

虽然人体中不可避免地含有一定量的重金属元素，但是只有当重金属元素在人体中的含量超过一定限值时，才会产生一定的毒性作用并威胁人体健康。

44. 通过饮食摄入的镉会在人体中停留多长时间？

根据科学家的估算，通过饮食进入肠道的镉大体上92%～98%（平均95%）会通过粪便直接排出，而约5%会被人体吸收，其吸收率会随着食品的组成、人的年龄以及身体的营养状况（尤其是铁的含量）而变化。镉一旦通过吸收进入体，就很难通过尿液等途径排出，其排出速率约为十万分之五，因此体内镉的半衰期需要17～38年。可以说，镉一旦进入人体，至少会伴随人的大半生。

45. 长期通过饮食摄入重金属元素是否会威胁人体健康？

食用重金属超标的食物并不会立即导致人体的健康损害，但长期摄入，哪怕是低剂量摄入也会导致人体的健康损害，如出现以低分子蛋白尿的产生为特征的肾功能不全。在当前粮食安全和粮食污染没有得到更加合理的监控和分流的情况下，公众可能会面临长期、低剂量累积的风险。

很多在新中国成立初期开发的有色重金属矿区附近生活的居民存在镉污染的负面健康效应。有报道估计，一些工业发达的省份，如广东省的居民镉摄入量已经接近甚至超过FAO/WHO规定的每周7微克/千克（体重）这一数值，相当于每周不超过30微克/千克（体重）。需要指出的是，这一数值是1989年规定的，在2010年6月的JECFA第73次会议上将这一数值降到了每周25微克/千克（体重）；同年，欧洲食品安全局（EFSA）在评价镉的安全摄入量时认为应该将其改为每周2.5微克/千克。

46. 营养结构是否会影响重金属对人体健康的危害程度？

相对于大豆、小麦和玉米，稻米（特别是精米）中铁、锌和钙的含量都比较低，而大量研究表明，若食物中含有较高的铁、锌和钙元素，或者人体内这些元素本就充足，则有助于大大降低人体对重金属镉的吸收。

日本"痛痛病"大多发生在贫困、营养结构单一、多胎生育的老年妇女身上，正是由于这一群体的饮食中和身体内缺乏铁、锌、钙等元素。对于在格陵兰高镉海域中生长的环斑海豹，即使体内镉含量高于哺乳动物肾皮质镉的临界值（200毫克/千克）3倍，其身体依然很健康而无任何"痛痛病"的症状。新西兰东南部一个小岛的居民嗜吃高镉生蚝，镉摄入量高达目前世界卫生组织设定的人体月摄入量［25微克/千克（体重）］的10倍，但同样无负面健康效应，其原因被解释为食物中有含量高的铁、锌、钙等物质。大豆、小麦、玉米和稻米间矿物质元素含量的差异可以用来解释欧美地区与亚洲高镉矿区之间人体健康效应差异的原因。欧美地区也不乏高镉污染区域，但并没有带来显著的健康负效应，其原因亦被解释为矿区土

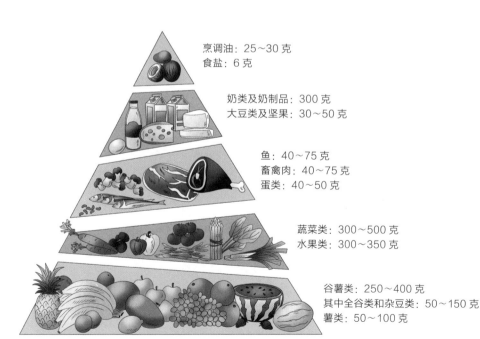

烹调油：25～30 克
食盐：6 克

奶类及奶制品：300 克
大豆类及坚果：30～50 克

鱼：40～75 克
畜禽肉：40～75 克
蛋类：40～50 克

蔬菜类：300～500 克
水果类：300～350 克

谷薯类：250～400 克
其中全谷类和杂豆类：50～150 克
薯类：50～100 克

平衡膳食宝塔

壤中含有较多的锌元素，且欧美地区的居民常食用的大豆、小麦、玉米等食物中也含有比水稻更多的锌等元素。

　　我国65%的人口以稻米为主食，因为环境自身的原因，我国容易产生镉超标大米，且稻米中铁、钙、锌等元素含量较少。鉴于此，我们必须高度重视大米的镉安全。

第五章
耕地污染防治方法与策略

47. 耕地土壤污染防治的策略是什么?

土壤污染防治是一项复杂的系统工程,需要多学科、多门类、多领域知识和技术的集成运用,要坚持预防为主、防治结合的原则,做好前端预防、中端管控、后端治理,实现全流程防治。

推进耕地污染防治的总体策略是统筹粮食安全、农产品质量安全与农产品产地环境安全,以耕地为重点,以实现农产品安全生产为核心目标,以南方酸性土水稻种植区和典型工矿企业周边农业区、污水灌溉区、大中城市郊区、高集约化蔬菜基地、地质元素高背景值区等土壤污染高风险地区为重点区域,按照"分类施策、农用优先,预防为主、治用结合"的原则,从防、控、治关键环节入手,强化监测评价,突出风险管控,实施分类管理,注重综合施策,坚持重点突破,狠抓督导考核,逐步建立用地养地结合、产地与产品一体化保护的耕地可持续利用长效机制。

48. 耕地土壤污染防治有哪些关键环节？

①**农田重金属动态监测**。国外针对大尺度污染状况调查、成因分析方面的研究较多，并建立了诸多长期动态监测系统。我国也开展了多次大面积污染调查工作，农用地土壤污染详查工作已经结束，但尚缺乏基于历史大数据和源解析技术的权威性农田土壤和粮食作物的污染源清单，土壤和粮食作物重金属含量的综合分析以及模型模拟方面的工作也有待加强。2019年10月31日，农业农村部副部长余欣荣表示，农业农村部已在全国31个省（区、市）科学布设了4万多个农产品产地土壤环境国控监测点，涵盖全部产粮大县和主要土壤类型，有助于开展产地环境监测，提升监测预警的能力和水平。

②**重金属低积累作物品种资源库**。不同作物类型和品种基因型在吸收、积累重金属方面的能力存在较大差异。目前，有关重金属低吸收水稻等作物品种的筛选研究工作较多，研究表明通过筛选低积累品种来减少作物对重金属的吸收富集是完全可行的。由于粮食作物品种的区域特色十分明显，当前亟须建立针对不同种植区域、不同重金属元素、不同作物类型的重金属低积累品种资源库，并分类制订其栽培调控措施和田间应用规范，力保在服务农田安全利用的同时达到高产的"双赢"目标。

③**钝化剂的市场准入**。目前，市场上的钝化剂类型繁多，而人们对钝化剂本身存在的无机及有机污染物或有害病原微生物等的关注却比较少。钝化剂成分复杂，如由污泥、畜禽粪便、工业废弃物等原材料制备的生物质炭，其本身重金属含量就比较高，在用于农田土壤重金属钝化修复的

过程中可能会造成二次污染和土壤质量退化等问题。因此，需要明确钝化剂的使用量、使用时间和适宜区域，并制定土壤重金属钝化材料的产品标准，建立农田土壤重金属钝化剂的市场准入制度，杜绝可能造成二次污染风险的钝化剂进入农田生态系统，这是正确应用钝化剂修复重金属污染土壤的前提和保障。

④**重金属超标农田的轮作休耕。**由于对耕地资源的长期过度利用，我国部分耕地地力严重透支且土壤污染加剧，严重影响着我国耕地的可持续利用。2016年，农业部等10个部门联合发布了《探索实行耕地轮作休耕制度试点方案》，将休耕制度提到了国家战略高度。休耕制度在我国是一项全新的制度安排，在确保国家粮食安全的基本原则下，科学推进耕地轮作休耕制度是探索"藏粮于地、藏粮于技"的具体实施途径。在重金属超标区域进行的轮作休耕模式主要有改种作物和品种、改良土壤、科学灌溉、控制吸收和综合创新污染治理模式。然而，我国耕地资源紧张，粮食供给和粮食安全压力巨大，不宜对污染农田进行大面积的休耕。同时，治理性休耕制度需要完善相应的法律法规政策，并在技术支撑、资金保障、管理措施、效果评价等方面予以明确，这样才能确保休耕制度的有效运转和规范实施。

⑤**高重金属含量秸秆的处置。**在农田生态系统中，作物秸秆还田是秸秆综合利用和增加土壤有机质的重要途径和措施。我国当前农作物秸秆年产生量达9亿吨左右，直接还田的比例占35%以上。然而，重金属污染农田中的作物秸秆会累积大量的重金属，用这样的秸秆还田会在向土壤输入有机碳的同时把自身吸收的大部分重金属也重新归还土壤。因此，为了加强污染土壤的安全和可持续利用，需要结合当地产业发展，加强对高重金属含量

的作物秸秆处置和利用技术的研发，这对保障粮食安全生产具有重要的现实意义。

⑥粮食安全生产保障体系与政策。保障粮食安全是一个复杂的系统工程。针对我国轻-中度重金属污染农田的特点，需要坚持"预防为主、保护优先，管控为主、修复为辅，示范引导、因地制宜"等原则，以发展实地检测监控技术为手段，以加强阻控修复技术支持为依托，形成由法律法规、标准体系、管理体制、公众参与、科学研究和宣传教育组成的农田土壤污染防治管理体系。此外，还需尽快从制度约束、行政推动及政策扶持等方面进行考虑，构建土壤污染调查、风险评估、安全利用与修复等可操作性强的标准、规范和技术体系，以保障我国农产品"从农田到餐桌"的全程质量安全。

49. 耕地土壤污染防治需要正确处理好哪些关系？

①防止耕地污染治理与农业生产出现"两张皮"。耕地污染治理的核心目标是保障农产品安全生产，在治理中不能脱离农业生产实际，简单就"治理"而"治理"，而是要有针对性地采取风险管控与修复措施。特别是对轻-中度污染耕地，在保证农产品质量安全的前提下，科学利用受污染

耕地的生产功能，既能满足农用地土壤污染防治的需要，又能保障农产品质量安全，实现农用地土壤污染治理与农业生产的有效结合。

②协同发挥政府主导作用与市场主体作用。土壤环境具有公共产品属性。加强土壤环境保护，要强化政府在政策扶持、规范管理、公共服务等方面的主导作用，更要坚持市场在资源配置中的决定性作用，运用市场的办法推进，撬动更多社会资本投向土壤污染治理。比如，因地制宜探索通过政府购买服务、第三方治理、政府和社会资本合作（PPP）、事后补贴等形式，吸引社会资本主动投资参与耕地污染治理修复工作，逐步建立健全耕地污染治理修复社会化服务体系。

③协同打好土壤污染防治攻坚战与持久战。土壤污染具有复杂性，污染物来源广泛，污染类型多样。长期以来，由于不恰当的发展方式，人们把土壤作为污染物的消纳场所，进入土壤的污染物超过了其自净能力，造成土壤污染总体较重、局部问题较为突出。我国土壤类型多样，土壤—作物系统污染物迁移是一个复杂的过程，不同类型土壤对重金属的环境容量有显著差别，不同类型农作物吸收重金属元素的生理生化机制各异，使土壤污染防治成为一项长期、复杂、艰巨的任务，不可能一蹴而就。土壤环境保护与治理既要立足当前，采取有效措施，又要着眼长远，坚持不懈，久久为功。当前，要管控好风险，特别是要紧盯重点区域、重点作物、重点污染物，解决突出问题，打好污染防治攻坚战，让老百姓吃得放心；要抓好基础性、经常性、长远性工作，坚持重点治理与整体推进相结合，藏粮于地，藏粮于技，不断提升耕地土壤环境质量。

④协同推进土壤污染源头管控和安全利用。坚持预防为主、防治结合的原则，走"源头预防、末端治理"的路子。加强污染源头控制，切断污

染物进入农田的链条，防止城市污染和工业"三废"大量向农业农村转移，建立污染隔离带或污染缓冲区，形成农田自我保护的生态屏障。净化灌溉水源，降低灌溉水源中的污染物含量。要根据土壤污染状况和农产品超标情况，结合当地主要作物品种和种植习惯，制定实施受污染耕地安全利用方案，采取以种植低积累作物、调节土壤酸碱度、开展水肥调控和施用土壤调理剂等农艺为主的调控措施，阻断农作物对污染物的吸收积累，控制土壤中的污染物经农作物吸收进入食物链，寓污染治理于农业生产中。

50. 在治理土壤污染过程中为什么要对农田土壤进行划分？

科学合理的规划是农田土壤安全利用和粮食安全生产的重要保障手段。对于重度污染的农田土壤，禁止从事粮食作物生产，并应制定相应的污染土壤修复计划与实施方案；对于轻-中度污染的农田土壤，应合理布局粮食作物，避免粮食可食部分的重金属超标，实现污染农田的安全利用；对于清洁的农田土壤，加强监控，维持其正常的粮食生产功能。因此，从农产品安全的角度来说，将农田土壤划分为禁产、限产和宜产区域，可为重金属超标的农田土壤的安全生产提供保障。

51. 目前治理耕地土壤污染的方法有哪些？

耕地污染程度不同，所采取的治理方式也不一样。对于轻-中度污染耕地，可采取安全利用措施，包括农艺调控类（石灰调节、优化施肥、品种调控、水分调控、叶面调控、深翻耕等）、土壤改良类、生物类、综合调控类技术。对于重度污染耕地，可采取严格管控措施，包括调整种植结构、退耕还林还草、退耕还湿、轮作休耕、轮牧休牧等。

52. 如何采用石灰调节技术治理耕地污染？

石灰是碱性物质，在酸性土壤中适量施用石灰可以提高土壤pH，促使土壤中的重金属阳离子发生共沉淀作用并降低其活性，还可以为作物提供钙素营养。施用时采用人工或机械化的方式将石灰均匀地撒施在耕地土壤

田间撒施石灰改良土壤 pH 值

表面，同时补施硅、锌等元素（建议施用量见表6）。石灰施用频率为每年一次，且稻田土壤pH达到7.0后需停施一年。连年过量施用石灰容易破坏土壤团粒结构，导致土壤出现板结现象。

石灰调节技术适用于偏酸性镉污染稻田，土壤pH一般在6.5以下，不适用于存在砷超标风险的稻田。

表6　治理酸性镉污染稻田的石灰（CaO）建议施用量

单位：千克/（亩·年）

土壤镉含量范围	土壤 pH	土壤质地		
		砂壤土	壤土	黏土
1～2倍（含）筛选值	< 5.5	100	150	200
	5.5～6.5	75	100	150
2倍筛选值以上	< 5.5	150	200	250
	5.5～6.5	100	150	200

53. 如何通过优化施肥技术治理耕地污染？

施肥是满足作物生长所需养分的重要途径，同时可以对重金属活性产生较大影响。优化施肥是指根据土壤环境状况与种植作物特征，优化有机肥、化肥的种类与施用量。化肥的使用要结合当地耕作制度、气候、土壤、水利等情况，选择适宜的氮、磷、钾肥料品种，避免化学肥料活化重金属污染物。例如，氮肥施用时，优化铵态氮与硝态氮的施用比例，可以提高稻田土壤pH，降低重金属活性；磷肥施用时，推荐施用钙镁磷肥；钾肥施用时，推荐施用硫酸钾肥。肥料施用应把握适度原则，防止过量施肥引起土壤盐化、酸化、养分不平衡等问题以及可能的二次污染。

优化施肥技术适用于所有耕地土壤，以有机肥做基肥，可配合深耕施用。氮肥、磷肥、钾肥的种类和施用量需根据土壤养分丰缺指标、耕作方式、污染物种类确定。

54. 什么是品种调控技术？

不同作物种类或同一种类作物的不同品种间对重金属的积累有较大差异。在轻-中度重金属污染土壤上种植可食部位重金属富集能力较弱但生长和产量基本不受影响的作物品种，可以抑制重金属进入食物链，有效降低农产品的重金属污染风险。当前实践中已筛选出多种单一污染源下的重金属低累积作物品种，如镉低积累的水稻、玉米、菜心、苋菜、小白菜、芥菜、番茄、豇豆、小麦等。

适用于品种调控技术的农作物具有较强的区域性特点，每个作物品种都有其特定的适宜种植区，只能在适宜种植区推广。

55. 如何通过水分调控技术治理耕地污染？

在淹水条件下，酸性土壤环境呈还原状态，土壤pH显著升高，镉容易形成硫化物沉淀，活性也会随之降低，从而可以减少作物对镉的吸收。淹水灌溉期间，应加强灌溉水质监测，确保灌溉水中重金属含量达到农田灌溉水质标准要求。同时，在日常巡查时应加强水稻病虫害的观察与防控。

水分调控技术适用于土壤pH低于6.5的镉污染酸性稻田，不适用于存在砷超标风险的稻田。

56. 什么是叶面调控技术？

叶面调控是指通过向叶面喷施硅、硒、锌等有益元素提高作物抗逆性，抑制作物根系向可食部位转运重金属，降低可食部位的重金属含量。该技术操作简便，主要选用可溶性硅、可溶性锌、可溶性硒等原料，可以根据作物种类、土壤中有效态硅或锌的含量优化组合。

叶面调控技术适用于镉污染稻田，特别是有效硅、有效锌缺乏的镉污染稻田。

57. 什么是深翻耕技术？

通过深翻耕技术可以将污染物含量较高的耕地表层土壤与犁底层甚至是母质层的洁净土壤充分混合，从而稀释耕地表层土壤的污染物含量。深

翻耕的实施时间一般为冬闲或春耕翻地时，无须占用农时，不适用于连续两年深翻的稻田、沙漏田、潜育性田。深翻耕实施的时间、周期和深度等需根据当地种植习惯、作物类型、土壤类型和耕作层厚度等来确定。由于土壤有机质与

养分多集中在耕地表层，深翻耕技术在降低耕地表层土壤污染物含量的同时，也会降低表层土壤中的有机质和养分含量。因此，深翻耕后应进行配套施肥，以满足农作物生长的需要。

深翻耕技术对于一般耕地均适用，但于稻田而言，耕作层加犁底层厚度应在25厘米以上，且稻田耕作层厚度≤15厘米、稻田犁底层厚度≥10厘米。

58. 什么是原位钝化技术？

通过向土壤中添加钝化材料，如海泡石、坡缕石、蒙脱土、黏土矿物粉、铁锰氧化物、泥炭等，将土壤中的有毒有害重（类）金属离子由有效

态转化为化学性质不活泼形态，以降低其在土壤环境中的迁移和植物有效性、生物毒性。钝化技术的效果和稳定性与土壤类型及理化性质、重金属种类及污染程度、种植的农作物品种及当地降雨量等密切相关，在大面积应用前必须加强对该技术的适应性试验研究，做到先小规模示范，再大面积推广应用。一方面，在实际大田推广应用中要正确选择钝化材料种类，精准把握施用剂量，避免过度钝化和造成二次污染；另一方面，要避免其给土壤理化性质及环境质量等带来负面影响。同时，钝化后需继续跟踪监测土壤重金属有效态含量及农作物可食部位的重金属含量变化，以及土壤质地、理化性质、微生物群落结构及生物多样性的变化情况，评估钝化的长期效应与可能产生的负面影响。

原位钝化技术较少受到农业生产、农时、地域和气候的影响，适用于一般重金属污染农田。

59. 什么是定向调控技术？

定向调控技术是基于土壤化学或微生物原理，通过调节土壤中的氧化还原、吸附、沉淀等过程，促进重金属污染物由高有效性向低有效性转化、由高毒性向低毒性转化，定向控制土壤中重金属元素的迁移以及农作物的富集。例如，对于镉污染稻田，提高土壤pH或降低氧化还原电位（Eh）有利于降低稻米的镉积累；对于砷污染稻田，提高土壤氧化还原电位、施加铁锰材料有利于降低稻米的砷积累。在实践中，通常采用具有特殊功能的材料配制成土壤调理剂，以实现土壤重金属污染的定向调控。调理剂对重金属污染土壤的治理效果因土壤中重金属的种类和污染水平而差异显著，因此利用调理剂开展污染治理应建立在完善的试验基础上。

定向调控技术适用于一般重金属污染农田。

60. 什么是微生物修复技术？

微生物修复技术是指利用天然或人工驯化培养的功能微生物（藻类、细菌、真菌等），通过其生物代谢功能来降低污染物活性，防控生态风险。微生物修复材料包括微生物菌剂、微生物接种剂、复合微生物肥料和生物有机肥等，施用种类和施用量需根据当地土壤类型和作物类型确定。微生物修复

技术比较安全，二次污染问题较小，对环境的影响较小，费用较低。

微生物修复技术一般适用于农药或重金属污染耕地。

61. 什么是植物提取技术？

植物提取是当前受污染耕地主要采用的一类土壤修复技术，是指利用超积累或高富集植物，通过络合诱导植物高效吸收污染土壤中的重金属并在地上部分进行积累，再收割植物的地上部分从而达到去除土壤中重金属

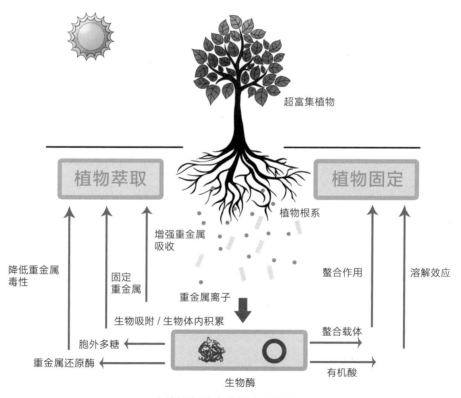

土壤修复的生物技术示意图

污染物的目的。植物提取分为两类：一类为持续性植物萃取，即直接选用超富集植物吸收并积累土壤中的重金属；另一类是诱导性植物提取，即在种植植物的同时添加某些可以活化土壤重金属的物质，以提高植物萃取重金属的效率。在应用超富集植物修复重金属污染土壤时，可以选择合适的栽培措施，包括育苗、翻耕、种植密度、除草、间套作、刈割等。根据植物的特点与当地气候相结合做到科学种植，以提高污染土壤的修复效率。

植物提取技术成本较高，一般适用于小面积重金属污染耕地，特别需要注意修复植物的生长适宜温度与季节安排。

62. 什么是"VIP"综合治理技术？

"VIP"或"VIP+n"是一种重金属污染耕地综合治理技术，是指在低镉水稻品种（V）、淹水灌溉（I）、施用石灰等调节土壤酸度（P）的基础上增施（采用）土壤调理剂、钝化剂、叶面调控剂、有机肥等降镉产品或技术（n）。"VIP"综合治理技术克服了单一治理技术在污染耕地治理中存在的治理效率低且可能影响正常农作物种植和粮食生产的缺点，实现不改变原种植习惯、边生产边治理的目的。"VIP"综合治理技术与其他技术（n）集成时应遵循大面积施用、衔接农时、经济高效、科学规范等基本原则，进行各项技术的组合和排序，并根据土壤污染程度，适当调整综合技术中集成技术的数量和单项技术的实施强度。

"VIP"综合治理技术适用于酸性镉污染稻田，且稻米镉含量＞0.2毫克/千克。

第六章

我国耕地污染防治政策进展

63. 我国在耕地污染防治方面有哪些法律支撑？

目前，我国在耕地污染防治方面的法律体系已基本完善，与之相关的法律有《中华人民共和国土壤污染防治法》《中华人民共和国环境保护法》《中华人民共和国土地管理法》《中华人民共和国农产品质量安全法》《中华人民共和国清洁生产促进法》《中华人民共和国农业法》等，相关的行政法规有《基本农田保护条例》《中华人民共和国土地管理法实施条例》等。截至2015年年底，全国已有24个省份出台《农业生态环境保护条例》，14个省份和4个省会城市出台农产品质量安全管理条例（或办法），明确了农业部门耕地污染防治的法律职责和要求。同时，我国还制定了《农用污泥污染物控制标准》（GB 4284—2018）、《蔬菜产地环境技术条件》（NY/T 848—2004）等国家和行业标准、规范120多项，全面加强与规范了农产品产地的环境安全管理。

64. 《中华人民共和国土壤污染防治法》中提出了哪些与耕地污染防治相关的要求？

2019年1月1日起施行的《中华人民共和国土壤污染防治法》（以下简称《土壤污染防治法》）是党的十九大以来制定的首部生态环境领域的法律，贯彻了习近平生态文明思想，构建了土壤污染防治制度的"四梁八柱"，为坚决打好污染防治攻坚战，特别是扎实推进净土保卫战筑牢了法制根基。

《土壤污染防治法》共七章九十九条，从立法上解决了"谁负责谁监管、谁污染谁治理以及如何治理"等问题，明确规定了农业农村部门在土壤污染防治方面的职责范围，主要有两个：一是承担农用地土壤管控与修复责任，包括农用地监测调查与风险评估、农用地污染责任人认定、农用地类别划分和分类管理、农用地安全利用与严格管控、相关宣传与培训等；二是承担农业投入品监管责任，包括农业投入品的监督管理、农药等包装废弃物和农膜的管理等。

65. 我国的法律法规和政策对农用地分类治理提出了何种要求？

《中华人民共和国土壤污染防治法》第四十九条明确提出，"国家建立农用地分类管理制度。按照土壤污染程度和相关标准，将农用地划分为优先保护类、安全利用类和严格管控类。"

农用地土壤是农业生产的基本物质条件，其环境质量事关农产品质量安全。农用地土壤污染类型复杂多样，具有隐蔽性、累积性、地域性等特征，应按照土壤污染程度和相关标准建立分类管理制度，以便于有针对性地开展风险管控与修复。要依据《土壤环境质量　农用地土壤污染风险管控标准（试行）》（GB 15618—2018）和《农用地土壤环境质量类别划分技术指南》（环办土壤〔2019〕53号）等相关标准规范，将未污染和轻微污染的农用地划为优先保护类，轻度和中度污染的农用地划为安全利用类，重度污染的农用地划为严格管控类。

农用地分类管理不仅要考虑土壤污染状况，也应关注农产品质量安全问题。根据土壤污染程度，有针对性地采取风险管控与修复措施。特别是对轻-中度污染耕地，在保证农产品质量安全的前提下，科学利用受污染耕地的生产功能，既能满足农用地土壤污染防治的需要，又能保障农产品质量安全，实现农用地土壤污染治理与农业生产的有效结合。

66. 我国的法律法规和政策对农用地安全利用是如何规定的？

《中华人民共和国土壤污染防治法》第五十三条明确提出，"对安全利用类农用地地块，地方人民政府农业农村、林业草原主管部门，应当结合主要作物品种和种植习惯等情况，制定并实施安全利用方案。安全利用方案应当包括下列内容：（一）农艺调控、替代种植；（二）定期开展土壤和农产品协同监测与评价；（三）对农民、农民专业合作社及其他农业生产经营主体进行技术指导和培训；（四）其他风险管控措施。"

其中，农艺调控是指利用农艺措施调控作物对土壤污染物的吸收，减少污染物从土壤向作物可食用部分转移，从而保障食用农产品达标生产，实现受污染耕地的安全利用。以重金属污染耕地的安全利用为例，通过采取以种植低积累作物、调节土壤酸碱度、开展水肥调控和施用土壤调理剂等农艺为主的调控措施，阻断或最大程度地减少农作物对重金属的吸收积累，控制土壤中的重金属经农作物吸收进入食物链，寓重金属污染治理于农业生产中，使之易于推广应用。

替代种植是为保障农产品达标生产，用农产品安全风险较低的作物替代农产品安全风险较高的作物的措施，包括品种间和品种内的替代种植，如用重金属低吸收作物品种替代重金属高吸收作物品种，用重金属低富集作物替代高富集作物。

土壤和农产品协同监测评价是指土壤污染与农产品质量安全有较强的相关性，但并非简单的对应关系。在生产实际中，往往出现土壤重金属超标而农产品重金属不超标，或土壤重金属不超标而农产品重金属超标的情况。例如，在酸性水稻土地区，有些土壤即使镉含量没有超过现行标准，但由于镉活性高，仍会造成稻米镉超标；而有些碱性土壤即使其镉含量远大于现行标准，但由于镉活性低，仍能生产出质量安全的稻米。由此可见，若仅凭土壤污染评价结果进行判断，往往会导致大量可实现安全生产的耕地因污染物含量超标而不能使用。《中华人民共和国土壤污染防治法》规定要定期开展土壤和农产品协同监测，通过土壤污染状况和农产品质量状况进行综合评价。

67. 我国的法律法规和政策对农用地严格管控是如何规定的？

《中华人民共和国土壤污染防治法》第五十四条明确提出，"对严格管控类农用地地块，地方人民政府农业农村、林业草原主管部门应当采取下列风险管控措施：（一）提出划定特定农产品禁止生产区域的建议，报本级人民政府批准后实施；（二）按照规定开展土壤和农产品协同监测与评价；（三）对农民、农民专业合作社及其他农业生产经营主体进行技术指导和培训；（四）其他风险管控措施。

"各级人民政府及其有关部门应当鼓励对严格管控类农用地采取调整种植结构、退耕还林还草、退耕还湿、轮作休耕、轮牧休牧等风险管控措施，并给予相应的政策支持。"

其中，特定农产品禁止生产区域是指由于人为或者自然的原因，致使农产品产地有毒有害物质超过产地安全相关标准，并导致所生产的特定农产品中有毒有害物质超过标准，经县级以上地方人民政府批准后禁止生产该农产品的区域。特定农产品禁止生产区域划定后，严禁种植食用农产品，经修复治理后达到安全利用条件的可以调整。具体划定与调整，依照《中华人民共和国农产品质量安全法》第十五条执行。

种植结构调整是指综合考虑土壤污染状况和农作物特性等因素，将不宜种植的食用类农作物调整为非食用类农作物或其他植物。2014年启动的湖南长株潭地区农作物种植结构调整试点，对土壤和稻米镉含量均超标的耕地实行农作物种植结构调整，原则上不再种植食用水稻，改种棉花、蚕

桑、麻类、花卉苗木及其他特
色作物，同时探索建立生态补
偿机制。

　　退耕还林还草作为风险管
控的措施之一，主要考虑土壤
受到污染后其持续耕作能力会
受到严重影响，无法保障农产
品安全生产。退耕还林还草应
在保证安全的前提下，利用重度污染耕地的生产生态功能，发挥耕地的生
态效益，优先还花卉、还苗木，保障农民收益。

　　轮作休耕是针对无法完全保障农产品安全生产的耕地而采取的一项风
险管控措施。对休耕土地要采取修复保护性措施，而不是简单撂荒，不能
减少或破坏耕地、改变耕地性质、削弱农业综合生产能力。

68. 我国的法律法规和政策对农用地修复是如何规定的？

　　《中华人民共和国土壤污染防治法》第五十七条明确提出，"对产出的
农产品污染物含量超标、需要实施修复的农用地地块，土壤污染责任人应
当编制修复方案，报地方人民政府农业农村、林业草原主管部门备案并实
施。修复方案应当包括地下水污染防治的内容。修复活动应当优先采取不
影响农业生产、不降低土壤生产功能的生物修复措施，阻断或者减少污染

物进入农作物食用部分，确保农产品质量安全。风险管控、修复活动完成后，土壤污染责任人应当另行委托有关单位对风险管控效果、修复效果进行评估，并将效果评估报告报地方人民政府农业农村、林业草原主管部门备案。农村集体经济组织及其成员、农民专业合作社及其他农业生产经营主体等负有协助实施土壤污染风险管控和修复的义务。"

目前，土壤修复技术主要有生物修复、化学修复、物理修复和综合修复等。对受到污染的农用地土壤，应优先采取风险管控措施，确实需要修

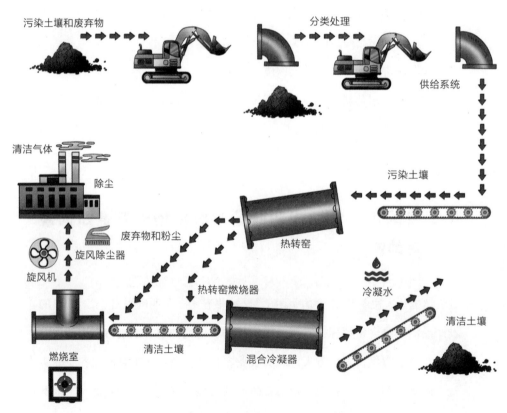

土壤有机污染物的物理修复技术——热脱附法

复的按以上规定执行。

该条款首先从四个方面对实施的修复工作作了规定。一是针对修复情形，规定对产出的农产品污染物含量超标的农用地地块需要实施修复。通过监测和风险评估，受污染的农用地地块通常存在以下三种情形：土壤超标，农产品不超标；土壤不超标，农产品超标；土壤与农产品均超标。依据该条款规定，对后两种情形均需实施修复。二是针对修复主体，规定土壤污染责任人是农用地地块的修复主体。同时，依照《中华人民共和国土壤污染防治法》第四十五条规定，"土壤污染责任人无法认定的，土地使用权人应当实施土壤污染修复。地方人民政府及其有关部门可以根据实际情况组织实施土壤污染风险管控和修复。"三是针对修复方案，规定实施修复时应当由土壤污染责任人编制修复方案，并将修复方案报地方人民政府农业农村、林业草原主管部门备案。四是针对地下水污染防治，规定修复方案应当包括地下水污染防治的内容，在编制、实施修复方案时应当将土壤和地下水一并考虑。对土壤污染但地下水尚未污染的，应当预防土壤污染导致的地下水污染；对土壤和地下水均已受到污染的，应当根据实际情况采取治理地下水污染的措施。

其次，在农用地土壤修复方面，规定对于修复活动应当优先采取不影响农业生产、不降低土壤生产功能的生物修复措施。采取生物修复措施是为了阻断或者减少污染物进入农作物的食用部分，且不影响农业生产、不降低土壤生产功能。生物修复主要包括植物修复、微生物修复等。该条款提出的优先采用并不等同于只能采用、唯一采用，对于一些在实践中有效的化学钝化技术、物理修复技术，只要能够降低污染物活性、阻控污染物向农作物转移，并且不对土壤产生新的危害，就可以由修复主体结合实际

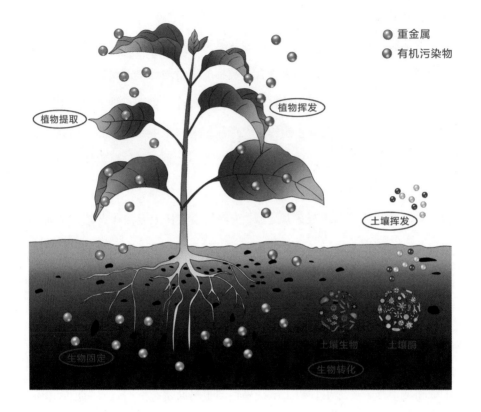

情况选用。

　　第三，在风险管控效果、修复效果评估方面，规定了三个方面的内容。一是评估时间。风险管控效果评估发生在风险管控活动完成后，修复效果评估发生在修复活动完成后。二是评估主体。风险管控效果评估和修复效果评估均由土壤污染责任人另行委托有关单位进行。依照《中华人民共和国土壤污染防治法》第四十三条规定，受委托进行风险管控效果评估、修复效果评估的单位应当具备相应的专业能力。三是评估报告。依照《中华人民共和国土壤污染防治法》第四十二条的规定，"实施风险管控效果评估、修复效果评估活动，应当编制效果评估报告。效果评估报告应当主要包括是否达到土壤污染风险评估报告确定的风险管控、修复目标等内容。"土壤污染责任人应当将效果评估报告报地方人民政府农业农村、林业草原主管部门备案。

第四，在农业生产经营主体协助实施风险管控和修复的义务方面作了规定。农业生产经营主体主要包括农村集体经济组织及其成员、农民专业合作社、新型农业经营主体等。农业生产经营主体通常是农用地的承包者或经营者，基于其对土地的实际占有和使用，应当履行与其行为能力相适应的义务，即协助政府及其部门或土壤污染责任人实施土壤污染风险管控和修复。农用地土壤风险管控和修复活动需要在由农业生产经营主体承包或者使用的土地上进行，离开农业生产经营主体的协助，风险管控和修复活动很难顺利实施。这里所指的农业生产经营主体主要是指非土壤污染责任人的农业生产经营主体。在实践中，农业生产经营主体特别是农民专业合作社很可能因过量使用农药、化肥等农业投入品而成为土壤污染责任人。这时，农业生产经营主体应当履行《中华人民共和国土壤污染防治法》规定的土壤污染责任人的义务，如采取风险管控措施、实施修复、支付风险管控和修复费用等。农业生产经营主体应依照本条款履行协助实施风险管控和修复的义务，如协助土壤污染责任人采取农艺调控、轮作休耕等风险管控措施，土壤污染责任人应当支付农业生产经营者相应的费用，国家亦可给予适当补贴。如果农业生产经营主体确实遭受损失，应由土壤污染责任人给予其赔偿或者适当补偿。

69. 《中华人民共和国环境保护法》中有哪些与耕地污染防治相关的要求？

《中华人民共和国环境保护法》是为了保护和改善环境、防治污染和其他公害、保障公众健康、推进生态文明建设、促进经济社会可持续发展而制定的法律。其最新版本由中华人民共和国第十二届全国人民代表大会常务委员会第八次会议于2014年4月24日修订通过，自2015年1月1日起施行。

该法第三章第三十二条规定，各级人民政府应当加强对农业环境的保护，加强对农业污染源的监测预警，统筹有关部门采取措施，防治土壤污染和土地沙化、盐渍化、贫瘠化、石漠化、地面沉降等现象。在第四章第四十九条中要求各级人民政府及其农业等有关部门和机构应当指导农业生

产经营者科学种植和养殖，科学合理施用农药、化肥等农业投入品，科学处置农用薄膜、农作物秸秆等农业废弃物，防止农业面源污染。禁止不符合农用标准和环境保护标准的废弃物进入农田，并且要求畜禽养殖行业控制生产过程中的污染物质排放。

70. 《中华人民共和国农产品质量安全法》中有哪些与耕地污染防治相关的要求？

为了保障农产品质量安全，维护公众健康，促进农业和农村经济发展，中华人民共和国第十届全国人民代表大会常务委员会第二十一次会议于2006年4月29日通过《中华人民共和国农产品质量安全法》，自2006年11月1日起施行。该法一共八章五十六条，从法律层面对农产品质量安全标准、农产品产地、农产品生产、农产品包装和标识四个方面做了要求。

在耕地土壤污染防治方面，该法从产地和生产过程两个方面对有关人员做出了要求。首先，禁止违反法律、法规的规定向农产品产地排放、倾倒废水、废气、固体废物或者其他有毒有害物质。其次，农产品生产者应当合理使用化肥、农药、兽药、农用薄膜等化工产品，防止对农产品产地造成污染。最后，在生产过程中，对可能对耕地造成污染、影响农产品质量安全的农药、肥料等，应依照有关法律、行政法规的规定实行许可制度，并进行监督抽查，加强对农产品生产者质量安全知识和技能的培训。

71. 《中华人民共和国农业法》中有哪些与耕地污染防治相关的要求？

为了巩固和加强农业在国民经济中的基础地位，深化农村改革，发展农业生产力，推进农业现代化，维护农民和农业生产经营组织的合法权益，增加农民收入，提高农民科学文化素质，促进农业和农村经济的持续、稳定、健康发展，实现全面建设小康社会的目标，中华人民共和国第十一届全国人民代表大会常务委员会第三十次会议于2012年12月28日通过《全国人民代表大会常务委员会关于修改〈中华人民共和国农业法〉的决定》，自2013年1月1日起施行。

该法一共十三章九十九条，其中第八章专门针对农业环境保护做了相应规定。第五十八条要求农民和农业生产经营组织应当保养耕地，合理使用化肥、农药、农用薄膜，增加使用有机肥料，采用先进技术，保护和提高地力，防止农用地的污染、破坏和地力衰退。此外，县级以上人民政府农业行政主管部门应当采取措施，支持农民和农业生产经营组织加强耕地质量建设，并对耕地质量进行定期监测。由此可见，我国在法律层面上分别从农业生产者和政府两个角度出发对污染防治工作做了相应要求。

72. 国家有哪些政策支持耕地污染防治工作？

我国高度重视耕地土壤污染防治，自2005年以来出台了一系列的政策文件以支撑相关工作。其中，比较重要的有《国务院关于印发土壤污染防治行动计划的通知》《农业部印发关于贯彻落实〈土壤污染防治行动计划〉的实施意见》《全国农业可持续发展规划（2015—2030年）》《关于加强农村环境保护工作的意见》，等等。

73. 《国务院关于落实科学发展观 加强环境保护的决定》对耕地污染防治工作做了哪些部署？

为全面落实科学发展观，加快构建社会主义和谐社会，实现全面建设小康社会的奋斗目标，把环境保护摆在更加重要的战略位置，国务院于2005年12月3日发布了《国务院关于落实科学发展观 加强环境保护的决定》。该决定阐述了我国环境保护工作的现状，要求各级政府和部门机构充分认识到环境保护的重要意义，并用科学发展观统领环境保护工作，在工作中注意经济社会发展与环境保护的协调，切实解决突出环境问题。

其中，第十四条专门指出，要以防治土壤污染为重点，加强农村环境保护，并针对耕地土壤污染防治作出部署：开展全国土壤污染状况调查和超标耕地综合治理，污染严重且难以修复的耕地应依法调整；合理使用农药、化肥，防治农用薄膜对耕地的污染；积极发展节水农业与生态农业，加大规模化养殖业的污染治理力度，防止其对土地造成二次污染。与之前的法律不同的是，该决定将政策落实到"土地"上，对污染防治工作做出了具体部署，并且要求尽快健全环境法规和标准体系。

74. 《国务院关于加强环境保护重点工作的意见》对耕地污染防治提出了哪些要求？

多年来，我国积极实施可持续发展战略，将环境保护放在重要的战略位置，不断加大解决环境问题的力度，取得了明显成效。但由于产业结构和布局仍不尽合理、污染防治水平仍然较低、环境监管制度尚不完善等原因，环境保护形势依然十分严峻。为深入贯彻落实科学发展观，加快推动经济发展方式转变，提高生态文明建设水平，国务院于2011年10月17日发布了《国务院关于加强环境保护重点工作的意见》。

该意见建议完善环境监管和评价体系，改革创新环保体制机制，并着力解决突出环境问题。第十条要求加快推进农村环境保护，并从责任划分、环境调查和管理等方面提出了建议。关于耕地土壤污染防治工作，该意见指出要重点治理农村土壤和饮用水水源地污染，并继续开展土壤环境调查，进行土壤污染治理与修复试点示范。同时，发展生态农业和有机农业，科学使用化肥、农药和农膜，切实减少面源污染。严格农作物秸秆禁烧管理，推进农业生产废弃物资源化利用。加强农村人畜粪便和农药包装无害化处理。

75. 《土壤污染防治行动计划》中对耕地污染防治工作做了哪些部署？

《土壤污染防治行动计划》是国务院于2016年5月28日印发的关于加强土壤污染防治、逐步改善土壤环境质量的计划。该计划从土壤普查、推进立法、耕地分类等十个方面对今后的土壤污染防治工作做出了不同的要求，因此社会上也称其为"土十条"。该计划要求，到2020年，全国土壤污染加重趋势得到初步遏制，土壤环境质量总体保持稳定，农用地和建设用地土壤环境安全得到基本保障，土壤环境风险得到基本管控。到2030年，全国土壤环境质量稳中向好，农用地和建设用地土壤环境安全得到有效保障，土壤环境风险得到全面管控。到21世纪中叶，土壤环境质量全面改善，生态系统实现良性循环。

对于耕地污染，《土壤污染防治行动计划》制定了相应指标，即到2020年，受污染耕地安全利用率达到90%左右；到2030年，受污染耕地安全利用率达到95%以上。自该计划发布之日起，有关部门首先需在相关调查的基础上，以农用地和重点行业企业用地为重点，开展土壤污染状况详查，并于2018年年底前查明农用地土壤污染的面积、分布及其对农产品质

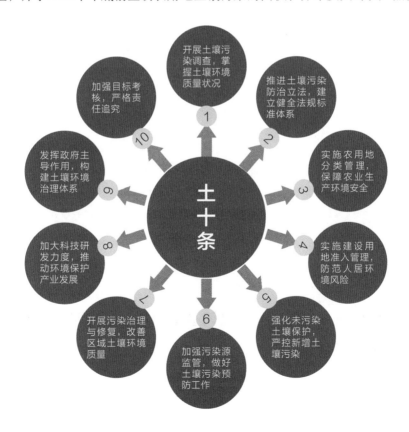

量的影响，并建立土壤环境质量监测网络，提升土壤环境信息化管理水平。其次，有关部门需要根据土壤污染状况详查结果和《农用地土壤环境质量类别划分技术指南》来划定农用地土壤环境质量类别，共包括三个类别：未污染和轻微污染的土地划为优先保护类，轻度和中度污染的土地划为安全利用类，重度污染的土地划为严格管控类。符合条件的优先保护类耕地划为永久基本农田，实行严格保护；安全利用类耕地要根据土壤污染状况和农产品超标情况，结合当地主要作物品种和种植习惯，制定实施受污染耕地安全利用方案，采取农艺调控、替代种植等措施，降低农产品超标风险；严格管控类土地则需要加强用途管理，依法划定特定农产品禁止生产区域，严禁种植食用农产品。同时，要求湖南长株潭地区继续开展重金属污染耕地修复及农作物种植结构调整试点，实行耕地轮作休耕制度试点。再次，对于污染源头控制也做出了相应要求，如合理使用化肥农药、加强废弃农膜回收利用、强化畜禽养殖污染防治、加强灌溉水水质管理。最后，要求在江西、湖北、湖南、广东、广西、四川、贵州、云南等省（区）的污染耕地集中区域优先组织开展治理与修复，其他省份要根据耕地土壤污染程度、环境风险及其影响范围确定治理与修复的重点区域。到2020年，受污染耕地治理与修复面积达到1000万亩。

76. 农业农村部对《土壤污染防治行动计划》有什么切实的回应？

　　为了贯彻落实《土壤污染防治行动计划》，切实加强农用地土壤污染防治，逐步改善土壤环境质量，保障农产品质量安全，农业部于2017年3月6日印发了《关于贯彻落实〈土壤污染防治行动计划〉的实施意见》。该意见共十节三十二条，分别从十个不同的方面对《土壤污染防治行动计划》进行了回应和具体部署。

①**总体要求和目标**。要求统筹粮食安全、农产品质量安全与农产品产地环境安全，以耕地为重点，以实现农产品安全生产为核心目标，以南方酸性土水稻种植区和典型工矿企业周边农区、污水灌溉区、大中型城市郊区、高集约化蔬菜基地、地质元素高背景值区等土壤污染高风险地区为重点区域，按照"分类施策、农用优先，预防为主、治用结合"的原则，从"防""控""治"关键环节入手。到2020年，完成耕地土壤环境质量类别划定，受污染耕地安全利用率达到90%左右，中-轻度污染耕地实现安全利用面积达到4000万亩、治理和修复面积达到1000万亩。到2030年，受污染耕地安全利用率达到95%以上，全国耕地土壤环境质量状况实现总体改善，对粮食生产和农业可持续发展的支撑能力明显提高。

②**完善农用地土壤污染防治法规标准体系**。该标准体系的建立分为两步，一是推进农用地土壤污染防治法制建设，修订《农产品产地安全管理办法》《中华人民共和国土壤污染防治法》《中华人民共和国农产品质量安全法》《农药管理条例》《肥料管理条例》等法律和条例。二是健全与农用地土壤污染防治相关的标准。开展农用地土壤环境监测、调查评估、等级划分、损害鉴定、治理与修复等技术规范的研究与制修订工作。到2020年，基本建立覆盖主要农作物农业投入、生产、产出全过程的农用地环境安全管理标准保障体系。

③**开展耕地土壤环境调查监测与类别划分**。主要包括开展农用地土壤

污染状况详查、完善耕地土壤环境监测网络、开展耕地土壤环境质量类别划分等工作。要求到2018年年底前，查明耕地土壤污染的面积、分布及其对农产品质量的影响，完善耕地土壤环境质量档案信息。建成耕地土壤环境监测数据管理平台，与全国土壤环境信息化管理平台实现数据共享，适时对耕地环境风险变化作出预警，提出风险管控措施，并持续跟踪后续风险管控效果。在2020年年底前，各地农业部门会同环保部门依据技术指南，在试点的基础上有序推进耕地土壤环境质量类别划定，逐步建立分类清单和图表，开展耕地土壤环境质量类别区划。

④优先保护未污染和轻微污染耕地。主要要求是将这类耕地纳入永久基本农田并切实保护耕地质量。从严管控非农建设占用永久基本农田，永久基本农田一经划定，任何单位和个人不得擅自占用或改变其用途。

⑤安全利用轻-中度污染耕地。对于轻-中度污染耕地，可以通过筛选安全利用实用技术、推广应用安全利用措施和实施风险管控与应急处置等措施实现安全利用。要求到2020年年底前，推广应用安全利用技术措施面积达4000万亩。

⑥严格管控重度污染耕地。对于重度污染耕地，各级有关部门要有序划定农产品禁止生产区，推行落实种植结构调整，并将其纳入退耕还林还草范围。在2020年年底前，依据耕地土壤污染详查结果，在全国范围内逐步推进特定农产品禁止生产区域的划定工作。

⑦推行农业清洁生产。严控农田灌溉水源污染、实施化肥农药零增长行动、强化废旧农膜和秸秆综合利用、推进畜禽养殖污染防治。从污染源的层面防止污染元素进入土壤。切断污染来源，防止土壤进一步恶化。

⑧加大耕地污染防治政策支持力度。主要包括健全绿色生态导向的农

业补贴制度、建立农用地污染防治生态补偿机制、创新耕地污染防治支持政策、健全耕地污染防治市场机制、加大科技研发支持力度。从宏观政策层面对耕地污染防治工作给予支持，有利于耕地污染修复大环境的改善。

⑨强化农用地污染防治责任落实。依靠建立责任机制、加强技术指导、实施绩效考核、推进信息公开和加强宣传培训这些方式，敦促各级政府和有关部门将耕地污染治理落到实处。

77. 《全国农业可持续发展规划（2015—2030年）》中有哪些关于耕地污染防治工作的要求？

为了大力推动农业可持续发展，实现"五位一体"战略布局、建设美丽中国，完成中国特色新型农业现代化道路的建设，2015年，农业部联合国家发展和改革委员会、环境保护部、科学技术部等部门，编制了《全国农业可持续发展规划（2015—2030年）》，并以此来指导全国农业可持续发展。

该规划指出我国农业正遭受内外源污染相互叠加等问题的影响，使农业可持续发展面临重大挑战，特别是工业"三废"和城市生活等外源污染向农业、农村扩散，镉、汞、砷等重金属不断向农产品产地环境渗透，使全国土壤主要污染物点位超标率达到16.1%。农业内源性污染严重，化肥、农药利用率不足三分之一，农膜回收率不足三分之二，畜禽粪污有效处理率不到一半，秸秆焚烧现象严重。农业、农村环境污染加重的态势直接影响了农产品质量安全。

对于这些现象，《全国农业可持续发展规划（2015—2030年）》要求防治农田污染，全面加强农业面源污染防控，科学合理使用农业投入品，提高使用效率，减少农业内源性污染。综合治理地膜污染，推广加厚地膜，开展废旧地膜机械化捡拾示范推广和回收利用，加快可降解地膜研发，到2030年农业主产区农膜和农药包装废弃物实现基本回收利用。开展农产品产地环境监测与风险评估，实施重度污染耕地用途管制，建立健全全国农业环境监测体系。设立以治理农业面源污染和耕地重金属污染为重点的长江中下游优化发展区。加强耕地重金属污染治理，增施有机肥，实施秸秆还田，施用钝化剂，建立缓冲带，优化种植结构，减轻重金属污染对农业生产的影响。到2020年，污染治理区食用农产品达标生产，农业面源污染扩大的趋势得到有效遏制。

78. 《农产品产地安全管理办法》中有哪些关于耕地污染防治工作的部署？

为了加强农产品产地管理，改善产地条件，保障产地安全，2006年农业部依据《中华人民共和国农产品质量安全法》，制定了《农产品产地安全管理办法》。该办法从产地监测评价、禁止生产区的划定调整、产地保护和监督检查等方面做出了不同要求。

对于耕地土壤污染，该办法要求健全农产品产地安全检查管理制度，加强农产品产地安全调查、监测和评价工作，将土壤中的有毒有害物质不符合产地安全标准并进一步导致生产的农产品不符合质量安全标准的农产品产地划定为农产品禁止生产区。在农产品产地实施清洁生产，发展生态农业，县级以上人民政府农业行政主管部门应采取生物、化学、工程等措施，对农产品禁止生产区和有毒有害物质不符合产地安全标准的其他农产品生产区域进行修复和治理，并加强产地污染修复和治理的科学研究、技术推广、宣传培训工作。对于农产品产地周边可能造成农产品产地环境污染的行为，如倾倒废气、废水、固体废物，堆放、贮存、处置工业固体废物等需严厉禁止。而对于农产品生产者，要求其应当合理使用肥料、农药、兽药、饲料和饲料添加剂、农用薄膜等农业投入品，禁止使用国家明令禁止、淘汰的或者未经许可的农业投入品，并应及时清除、回收农用薄膜、农业投入品包装物等，防止污染农产品产地环境。

79. 对于重金属污染防治工作，政府、企业、媒体、公众、科学家应有怎样的责任和义务？

政府既是一个权力单位，也是一个服务主体，公共管理、公共服务是政府的基本职责。重金属污染防治已不仅是技术问题，更是管理和制度问题，对一切污染都要从源头进行控制，避免污染事件的发生。同时，要培养公众的环保意识，扩充其科普知识，开展多种多样的宣传活动，加强重金属污染防治知识的普及和指导。

在构建和谐社会的进程中，作为经济实体的企业承担着重要的社会责任。企业是经济活动的细胞，所有的生产活动必然要消耗资源和环境容量，因此有责任主动降低资源消耗并减少污染排放，走环境友好之路。对于置法律于不顾、不肯在环保方面下工夫、一味追求利润最大化、严重破坏周边环境的企业，必须依法给予严厉制裁。

媒体作为舆论的代言者，有着强大的社会影响力，其报道必须忠于事实、客观公正。要让舆论监督发挥作用，信息公开是关键。媒体的批评和监督，正是公众关注环保和参与环保的表现。媒体的有效监督、相关信息的大量披露以及公众的积极参与，都将成为促进环境保护的中坚力量。

科学家对于公众环保问题的答疑解惑具有权威性和引导力，因此在回应环保问题上应十分慎重，以务实求真的科学、理性态度，冷静、客观地评估每一宗污染事件。

随着我国环保事业的不断深入，公众逐渐成为环保事业的重要而强大的推动力，因此要对环境保护有正确的认识，用科学的方式、科学的理论来参与环保工作。此外，还应从自身做起，秉持正确的生态环保理念，转变有损环境保护的生产、生活方式和不良习惯，树立新的伦理道德观念，为当代也为子孙后代留下一个适宜居住和发展的绿色家园。

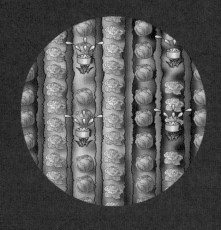

第七章
我国耕地污染防治工作进展

80. 我国耕地污染防治队伍建设情况如何？

截至2018年年底，全国省、地（市）、县三级农业资源环境保护机构总数达到2752个〔省级35个、地市级338个、县（区）级2379个〕，且已建立了由农业农村部农业生态与资源保护总站牵头的农业资源环境监测与保护体系。管理和专职技术人员达1.2万余人，构建了常态化的农产品产地环境监测网络。同时，还组建了一支由200余人组成的来自全国及地方农业环保相关科研院所和高等院校的专家队伍，涉及产地安全检测、污染治理、禁产区划分等多个领域，为农产品产地土壤污染防治提供了有力支撑。

81. 我国开展了哪些耕地污染治理修复工作？

自2014年起，原农业部会同财政部率先在湖南省长株潭地区启动了重金属污染耕地治理试点工作，试点面积达到170万亩。这是中央财政首次以空前的力度支持重金属污染耕地治理试点，旨在探索出一条在全国可借鉴、可复制、可推广、可持续的重金属污染耕地治理道路。

2016年《土壤污染防治行动计划》发布后，环境保护部陆续推进了浙江台州等8个土壤污染综合防治先行示范区建设和200余个土壤污染治理修复与风险管控试点示范项目实施，探索耕地污染治理管理经验和技术模式。

自2017年起，农业部联合环境保护部发布了《农用地土壤环境质量类别划分技术指南（试行）》，在江苏、河南、湖南三省六县开展了类别划分试点，通过先行先试为全国农用地土壤环境质量类别划分提供经验。

2018年，云南、河南、广东等10多个省份开展了受污染耕地安全利用试点，为面上铺开积累了经验。

82. 当前耕地污染防治工作还存在哪些问题？

虽然我国在耕地污染防治工作方面取得了积极进展，但还存在一些问题：

①源头控制仍需加强。长期以来，我国环境保护工作存在重城市、轻农村，重工业、轻农业的问题，导致城市和工业污染物向农村和农业转移排放，从源头加剧了田间地头的重金属污染。

②治理技术有待完善。近年来，农业农村部、科学技术部、生态环境部等对土壤重金属污染防治工作给予大力支持，探索建立了一些科学、可行的技术模式和修复措施，并在局部开展了零星的试点示范，也取得了一些成效，但由于农产品产地的区域性差异较大、影响因子较多等因素，仍难以达到大面积推广应用的要求。

③结构调整难度较大。农产品重金属污染不仅与产地土壤、水和大气污染状况直接相关，而且受到农作物种类、品种和农艺措施等的影响。种植结构调整势必会对当地农民传统农业生产习惯、生产活动乃至日常生活

产生巨大的冲击。

④长效机制仍未建立。改变农艺措施、调整种植结构、划定农产品禁止生产区等均存在增加农民生产成本或降低收益的可能性，如何在保障农民利益的前提下确保农产品质量，还缺乏相关的农业生态补偿等长效机制。

83. 我国耕地污染防治工作还应从哪些方面加强？

①完善政策体系。加强法治创新，逐步建立健全最严格的农业面源污染防治、农产品产地保护、耕地占补平衡管理、农业资源损害赔偿、农业环境治理与生态治理等覆盖农产品质量安全的全链条、全过程、全要素的法律法规制度体系，体现"产出来"和"管出来"的"两手抓"要求。当前，要积极落实《中华人民共和国土壤污染防治法》等法律法规的要求，以及《土壤污染防治行动计划》提出的各项工作任务，像保护大熊猫一样保护耕地，建立健全耕地保护绩效考评及奖惩和责任追究机制，加大对破坏农业环境的违法行为的处罚力度。

②加强监测规划。加强普查摸底，建立国家级耕地重金属污染等数据库，及时掌握耕地环境状况及动态趋势。建立健全耕地环境动态监测体系，整合、加密监测点，构建覆盖我国农业主产区和主要农作物的耕地环境监测网络，构建常态化监测机制和长效预警机制。科学规划、分类指导，制定国家及地方耕地重金属污染治理规划，在统筹现有各类规划的基础上，在"十四五"规划中进一步突出和明确耕地重金属污染防治的方向

和重点目标任务，做好与《全国农业可持续发展规划（2015—2030年）》和《中华人民共和国土壤污染防治法》等的衔接。

③遏制污染加剧。着重解决源头污染防控的问题，特别是解决农田灌溉水源、有机肥、化肥、农药、大气沉降等外源重金属污染的问题，避免出现"边治理边污染"的现象。应加强涉重金属行业的污染控制，严格控制重金属污染物排放总量，并加大监督检查力度；合理使用农药、化肥，推广测土配方施肥技术，鼓励农民增施有机肥，指导农民科学使用农药，推行农作物病虫

害专业化统防统治和绿色防控，推广高效低毒低残留农药和现代植保机械，加强农药包装废弃物的回收处理；推广减量化和清洁化农业生产模式，加强农业废弃物资源利用，选择部分市、县开展试点，形成一批可复制、可推广的农业面源污染防治技术模式；严格规范兽药、饲料添加剂的生产和使用，防止兽药、饲料添加剂中的有害成分通过畜禽养殖废弃物还田对土壤造成污染。

④增强耕地承载力。由于我国农业长期重化肥、轻有机肥，目前耕地中的有机质含量严重下降，全国耕地有机质含量平均值已从20世纪90年代的2%～3%降到目前的1%，明显低于欧美国家2.5%～4%的水平。因此，应增加耕地有机肥的施用，恢复20世纪六七十年代绿肥还田等农业措施，降低化肥使用率，提高耕地有机质含量，同时控制耕地酸化，提高土壤

pH，降低重金属活性，增加耕地自身对重金属的承载能力，从耕地自身着手治理重金属污染，缓解重金属对农作物的危害。

⑤划定污染红线。从环境保护的角度来看，无论对于何种环境要素，环境保护的目标都应是使其不致退化，保持其环境质量不下降。耕地生态功能的恢复需要相当长的时间，技术难度大、成本高，因此防止耕地质量持续退化是农业环境保护应该遵循的基本原则。考虑到土壤环境的差异，耕地污染防治应该按其所属地区的生态环境、土壤污染要素的背景值和生态功能等确定不同的耕地环境质量标准。基础红线要求任何开发和利用都不应导致耕地资源严重流失，不能导致土壤环境质量在现有水平上严重下降。同时，制定相关技术导则，指导地方政府根据本地情况制定相应的地方耕地环境质量标准及配套的监测规范。

⑥评估治理措施。近年来，涌现出一大批针对农业土壤污染治理的新技术、新产品及新装备，但其可应用性、经济性、可推广性、可复制性仍有待进一步验证。因此，迫切需要对这些技术产品及装备进行全面评估。第一步要从科学上搞清楚这些技术产品及装备是否具有如宣传报道所说的高效、环保等效果，如果答案是肯定的，那么第二步就要从可操作性、成本收益等角度探究其落地的可能性和可推广性，加大示范推广力度。可以说，随着技术的进步，在耕地污染治理的赛场上，"选手"会越来越多，但还缺少"游戏规则"和称职的"裁判员"。

⑦完善标准体系。我国现行的土壤环境质量标准已不适应当前土壤环境管理的需求，亟须制定或修订并尽快出台分区、分类、分等级的土壤环境质量标准体系。建议针对耕地土壤类型的多样性，科学地建立不同区域的耕地土壤环境重金属质量标准；根据土壤的性质、耕地的不同种植方式

和种植品种分类建立重金属质量标准；鉴于镉是我国耕地中最主要、涉及面最广的重金属污染元素，在充分对比分析研究国外有关标准的基础上，优先研究并制订适合我国耕地环境的镉质量标准体系。同时，还应建立化肥、农药等土壤潜在重金属污染源的质量标准体系，防止其在农业生产中出现二次污染。

⑧**增强金融支持**。鼓励企业投资参与污染耕地治理，研究制定扶持有机肥生产、废弃农膜综合利用、农药包装废弃物回收处理等企业的激励政策；大力推广政府和社会资本合作（PPP）模式在耕地污染防治领域的应用，培育第三方农业环境治理保护产业，充分发挥市场作用，调动管理部门、科研单位、涉农企业以及农业生产者各类主体的积极性，实现农业环境保护的联合协作；建立健全以技术补贴和绿色农业经济核算体系为核心的农业补贴制度和生态补偿制度，对生态友好型、资源节约型的清洁生产技术以及绿色生产资料等的研发和推广应用进行补偿、激励，加强新型职业农民培训，提高农业生产经营主体运用清洁生产技术、保护农业资源环境的积极性、主动性和有效性。

⑨**强化队伍建设**。农业环境管理和农业技术推广人员是有效落实各项标准和政策的基础。针对日益严重的农业环境问题，应统筹、管理我国农业环境问题，避免因多部门交叉管理所产生的弊端；建议优化县区、乡镇农业技术推广队伍的专业结构，增加农业生态环境保护等专业机构的设置和人才的培养，扩大农业技术推广队伍；强化对基层农业环境治理和农业技术推广人员的培训，提高他们在农业环境保护和环境治理上的意识和专业素质。

科研人员在制备水稻污染物检测样品

⑩加强科技创新。针对耕地的利用方式、重金属污染类型及污染程度，加强轻-中度污染耕地的钝化稳定、植物净化及联合治理技术。同时，加强耕地重金属污染治理与示范点建设，推广实用技术，积累相应经验，并在实践中提升基础理论水平和技术研发能力。

第八章
耕地污染防治典型案例

84. 日本耕地污染防治典型案例

　　"镉大米"最早出现在日本，因此日本对"镉大米"的治理方式和经验对国内具有相当的借鉴意义。日本治理"镉大米"有两种方式，一种是更换土壤，另一种是灌水治理。灌水治理法适用于大米镉含量在0.4～1.0毫克/千克的情况。所谓灌水治理，就是在水稻抽穗期的前三个星期和后三个星期中，保证土壤在六周时间内有储存2～3厘米的水层。这样做是为了让土壤处于还原状态，镉会与土壤中的硫形成硫化镉，后者是一个很难溶的物质，不容易被水稻吸收，有助于控制稻米中的镉含量，但是这种操作的前提条件是灌溉水必须是干净的。而一旦大米的镉含量超过1.0毫克/千克时，就需要进行土壤更换，把被污染的上层土壤全部换掉，用新鲜土壤进行覆盖。

日本为治理"镉大米"已经更换了7000公顷左右的土壤，此前的"污染区"有98%的土壤都在这一方法下获得"新生"。

85. 我国湖南耕地污染防治典型案例

2014年起，湖南省在19个县（市、区）的170万亩稻米镉超标耕地上开展了试点示范。2015年，湖南省又将以上170万亩附近的43.15万亩插花丘块和湘江流域的60.86万亩耕地也纳入试点范围，并列为扩面区，试点面积共计274.01万亩。2016年，试点面积较2015年减少了1.69万亩，总计272.32万亩，涉及长株潭地区3个市19个县市区和湘江流域的6个市7个县市区。其中，可达标生产区为76万亩，扩面区为104.01万亩，管控专产区为80万亩，替代种植区为12.31万亩。

在试点过程中，根据稻米镉和土壤镉的污染程度进行了分区。可达标生产区的稻米镉含量为0.2~0.4毫克/千克，面积为76万亩，主要采用改种镉低积累品种（V）、改变灌溉方式（I）和施用生石灰（P）等技术模式（"VIP"），以及增施商品有机肥、喷施叶面阻控剂、施用土壤调理剂、种植绿肥或翻耕改土等其他辅助措施（"+n"）。管控专产区的稻米镉含量大于0.4毫克/千克、土壤镉含量不超过1.0毫克/千克，面积为80万亩，采用"VIP"技术模式治理，同时开展临田检测，对未达标的稻谷转为非食用用途，采取专仓贮存、专企收购、专项补贴、专用处置和封闭运行的"四专一封闭"措施，并进行稻草离田移除。替代种植区的稻米镉含量大于0.4毫克/千克、土壤镉含量大于1.0毫克/千克，面积为14万亩，实行农作物种植结构调整，改种玉米、高粱等镉低积累、能达标的旱地作物，或者调整为棉花、蚕桑、麻类等非食用经济作物，少部分地区退耕种植苗木花卉等。

截至2015年，区域内早稻和晚稻镉超标率均大幅降低，降低幅度在五成以上。土壤pH整体上升了约0.3个单位，土壤有效态镉含量整体降低约0.1毫克/千克。从粮食生产大县攸县稻谷收储环节镉含量数据来看，2013—2015年全省镉达标稻谷所占比率逐年提升，2015年比2013年提高了17.04%。

通过在替代种植区稳步推进非食用、非口粮作物来替代种植，如蚕桑、饲料桑和酒用高粱、玉米等作物，创建了20个500亩以上的经济作物种植结构调整示范片。通过实施结构调整，引进和培育了新型生产经营组织，推动适度规模化经营，并配套建设产后环节，打造产业新链条，降低了试点区农产品的质量安全风险。同时，落实各项政策补贴措施，确保农民收益不减，取得了较好的经济效益和社会效益，实现结构调整的可持续发展。

试点区系统性地开展了"VIP"试验示范，为试点大面积技术应用提供了可靠的科学支撑；研发了降低轻-中度污染稻田稻米镉污染的复混肥、阻控剂、钝化剂、改良剂和稳定剂等产品10余个，组装集成了产品的配套技术以及耕作调控技术；建立了51个农田灌溉水镉净化试点，构建了人工湿地、生态沟渠、沉淀与吸附等灌溉水降镉技术体系；建立了6个稻草移除试点，明确了稻草移除对控降土壤和稻米镉污染的作用；还开展了新产品、新技术展示试验，筛选出一批效果好、成本可控的降镉技术及产品。

在试点工作推进机制方面，湖南省自上而下总结出一套适合当地实际情况的工作机制：成立了专门的领导机构，省一级由分管副省长任组长，市（县、区）一级由分管领导挂帅；明确了工作责任，市、县两级政府是试点工作的责任主体，省农委负责技术指导、技术路径和技术方案的制

科研人员在"VIP"技术试验基地检查水稻生长情况

定，省财政厅负责资金管理，省发改委、原环保厅、原国土资源厅、科技厅、粮食局和农科院负责相关工作；科学制定技术方案、加强指导培训，省农委、省财政厅联合组织成立了试点工作科研院所技术指导小组，委托省农科院、湖南农业大学、中科院亚热带农业生态所等科研单位分市对口负责技术指导；定期调度督查，省农委和省财政厅制定相应文件，确保试点资金的专款专用和使用效益，建立定期调度和专项督查机制，试点工作办公室每月对试点工作调度一次，及时掌握了解试点工作进展及存在的问题。

86. 我国广西耕地污染防治典型案例

环江上游长期以来无序的矿产资源开发、选冶活动已导致矿区和环江下游或沿岸相关区域严重的生态环境问题。据统计，环江两岸共分布大小

选矿、冶炼企业30多个,这些企业的废水不经处理就直接排入环江。环江水质监测结果表明,其上游的采矿、冶炼等工矿业的生产活动是造成河水铅、锌、镉等重金属元素污染的主要因素。尾矿、废石任意堆放,遭受风化侵蚀,在风雨的自然动力条件下向周围环境扩散;水,特别是暴雨可能是污染物水系扩散的最主要方式;河水灌溉,特别是洪水期间河水上涨是将污染物携载至沿岸土壤并致其污染的主要因素。2001年6月,特大洪水将上朝北山矿山的铅锌、硫铁等矿的尾矿、矿渣冲至环江下游,淹没河床及其两岸田地,仅洛阳、大安、思恩三个乡镇的12个村就有1万亩农田因受到污染而绝收。2004年年底,对环江沿岸62份土壤进行调查的结果表明,土壤中的锌、铅、铜、砷、镉污染严重,超过当地背景基线值的样本比率分别为67.7%、69.4%、33.9%、38.7%、56.7%,其中砷含量最大值为

251毫克/千克，是我国土壤环境质量二级旱地标准的8.4倍。

从2005年开始，通过添加化学修复剂对广西壮族自治区的酸性污染土壤进行治理，同时通过种植蜈蚣草修复重金属污染土壤，并施以不同的肥料以提高效率。在受污染的农田土壤上建立超富集植物-桑树间作、超富集植物-甘蔗间作和桑树种植模式，推行边修复边生产的种植模式。修复治理后，土壤pH由修复前的2～3升高到5～6，重金属含量显著下降，每亩纯收入达1000～2000元，修复污染农田100亩，农作物安全种植面积达100亩。

87. 我国云南耕地污染防治典型案例

云南省个旧市土壤重金属污染严重，其中以砷、铅污染最为严重，在土壤中的平均含量分别为1180毫克/千克和8780毫克/千克，分别是土壤环境质量二级旱地标准的39.3倍和29.3倍。土壤砷的水溶态含量为33～68微克/千克。污染地区的蔬菜食用部位的重金属含量超标严重，其最高含量（以干重计）分别达到856毫克/千克（砷）和506毫克/千克（铅），超过国家标准17120倍和1687倍。

云南省从2005年开始种植蜈蚣草以修复污染土壤，并用不同的肥料开展修复过程的肥效控制试验，同时进行蜈蚣草-甘蔗间作。2008年，复垦种植甘蔗。修复一年后，土壤中重金属砷含量下降18%，铅含量下降14%。种植的甘蔗产品各项指标均满足国家有关标准。总修复面积为100亩。

88. 我国天津耕地污染防治典型案例

在天津三大污水灌溉区中，北塘排污河灌溉区位于天津市东丽区，污水主要由上游排放的工业废水和生活污水构成，含有多种重金属污染物。东丽区的水资源贫乏，因此农业上利用污水灌溉比较普遍，但是在污水灌溉解决农业用水不足的同时，其中含有的大量有毒重金属元素也随之进入土壤，污染了土壤环境，进而通过食物链危害人体健康。该区目前的污水灌溉面积约为4万多亩，占全区总面积的40%，灌溉历史在25~34年。污水灌溉的作物主要是水稻、旱作粮食及蔬菜。污水灌溉区上游的菜地在20世纪60年代到70年代还施用过污泥，施用面积约为1.7万亩。另外，由发电厂烟尘和汽车尾气引起的大气沉降对露天栽培的蔬菜也会造成一定污染。

南开大学利用生物炭、电气石、B38等单项修复技术，以及生物炭复合B38、电气石复合B38、生物炭复合电气石、生物炭电气石复合B38等多种复合技术对这一地区的污染土壤进行修复。种植的农产品主要有生菜、油菜、油麦菜、苦苣等叶菜类蔬菜，针对不同的修复技术，不同植物的修复效果不尽相同，而对于不同土壤和不同植物而言，复合技术较单一技术效果好。

复合修复技术，如施加生物炭复合B38技术种植日本油菜，可使土壤镉有效态降低44%，土壤铅有效态降低37.4%；种植苦苣可使植物镉含量降低78.7%，种植油麦菜可使植物铅含量降低80.3%。应用电气石+B38复合技术后，种植的油麦菜对土壤铅有效态有很好的降低效果，达到34.2%。对于植物中的铅含量，日本油菜和苦苣的降低率分别达到84.2%和74.0%。应用生物炭+电气石复合技术后，种植的油菜、苦苣和油麦菜对土壤铅有效态也有很好的降低效果，分别为28.5%、27.8%和31.2%。